JN314294

水を科学する

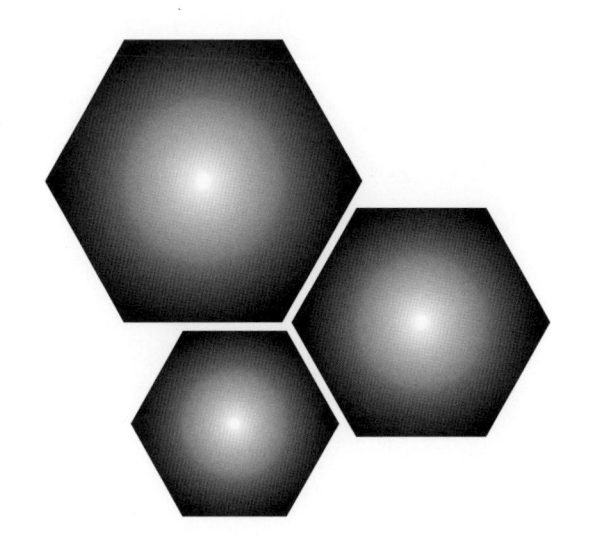

川瀬義矩 著

東京電機大学出版局

はじめに

　特別な性質を持っている水は，空気とともに人類にとって欠くことのできない物質である．常温常圧で他の物質とは大きく異なる性質を示し，それらは人類が生きていく上で重要な，なくてはならない役割を果たしている．飲み水としての水，食品原料としての水，ものを溶かし輸送する溶媒としての水，物質を分散させる溶媒としての水，結合剤としての水，エネルギー媒体としての水など，人間の存在に深く関わっている．さらに，人類が生きている自然環境も水の循環により成り立っている．それゆえ，水に関する本は科学的なもの，哲学的なもの，そして文学的なものまで幅広い分野で数多く出版されている．健康志向と環境問題の関心が高まる中で，水は読者の興味を引く重要なテーマである．その大事さゆえに，水にまつわる話は多いが，残念ながらその多くは科学的根拠が示されていないものが多い．科学的な本の著者達さえも，「不思議な水」に惑わされたのか，著書の中で科学的な話と「不思議な水」が一線を画して説明されていないために，多くの読者の誤解を招いている．本書では，あくまでも科学的に水を捉え，科学的根拠が示されていない事柄についての記述は最小限に留めた内容になっている．

　本書は，高校生からエンジニアそして一般の人まで，水に興味のあるすべての方々に読んでいただこうと思い書いた本である．ぜひ幅広い人々に読んでいただきたいので，わかりやすく書いたつもりである．第1章では，水が人類にどのように関わっているかについておもなトピックスを取り上げた．人類が地球上で生きていくためにどんなに水が重要な役割を果たしてるのかを理解していただけると思う．第2章では，水の科学的特性についてわかりやすく説明した．水分子の構造により発生した電子の偏りである極性によって生じる水のいろいろな特性を理解していただけると思う．やさしく書いたつもりであるが，聞きなれない言葉が出てきて読みづらいかも知れない．読み飛ばしても結構で

ある。第3章では，機能水について自然の機能水と人工の機能水に分けて解説した。人工的に作られた機能水だけではなく，自然の力により活性化された機能水にもいろいろあることに驚かれると思う。第4章では，今後展開されるであろう水が関係した技術について述べている。今後も水を上手に利用していかなければならないことを認識していただければ幸いである。

　本書を書くことを勧めていただきながら，多々ご迷惑をお掛けした㈱工業調査会編集部の一色和明氏に深く感謝申し上げます。また，資料の整理と原稿の推敲を手伝ってくれた家族にも大変感謝しております。

2007年10月

川瀬　義矩

追　記

　本書は2007年の初版発行以来，（株）工業調査会から刊行され，幸いにも長きにわたって多くの読者から愛用されてきました。このたび東京電機大学出版局から新たに刊行されることとなりました。本書が今後とも，読者の役に立つことを願っています。

2011年4月

川瀬　義矩

目　次

はじめに ………………………………………………………………………… *1*

第1章　水の役割　—地球は水に支配されている—

1　人間にとって重要な水 ……………………………………………………… *8*
 1-1　人間の体の60%は水からできている　*8*
 1-2　水が人間の体温を調節している　*13*
 1-3　人間の祖先は水の中（海）で誕生した？
   —体液と海水の成分は似ている—　*14*
2　水の循環が地球の気象を支配している ………………………………… *16*
 2-1　水は生命が生きやすい環境を作っている　*16*
 2-2　水は汚染物質を拡散している—生物濃縮と酸性雨—　*18*
 2-3　異常気象も水によって演出されている—エルニーニョとラニーニャ—　*21*
 2-4　森林破壊と水の関係は　*22*
 2-5　環境の改善に水を利用する　*23*
3　おいしい水と健康によい水—おいしい水を求めて— …………………… *25*
 3-1　水道水—結構おいしい水—　*26*
 3-2　おいしい水の要素—軟水はまろやかな味？—　*29*
 3-3　水の種類と値段はいろいろ—機能化すると値段は高くなる？—　*30*
 3-4　ミネラルウォーター　—大地が作るおいしい水—　*31*
 3-5　健康によい水—スポーツドリンク—　*33*

4　目　次

 4　食品の水―料理の味も水次第― ……………………………………………… *33*
  4-1　食品に含まれている水の働き　*34*
  4-2　電子レンジによる調理も水のおかげ―摩擦熱で食品を直接温める―　*37*
  4-3　フリーズドライ―凍らせてから乾燥させる―　*38*

第2章　水は特殊な液体　―水の構造と性質―

 1　水分子の構造―極性を持つ構造― …………………………………………… *42*
 2　水の状態
  ―通常の温度と圧力で固体，液体そして気体にもなるめずらしい物質― …… *45*
 3　水の特性―水は特徴的な性質を多く持った不思議な物質である― ………… *49*
  3-1　水は氷になって体積を増やす―4℃の不思議―　*49*
  3-2　水の融点と沸点は一般の物質に比べて異常に高い
   ―大きな熱を奪う水―　*51*
  3-3　水は比熱（熱容量）が高い―水は暖まり難く冷め難い―　*52*
  3-4　水の表面張力は大きい―体のすみずみまで血液が行き渡る―　*53*
  3-5　水の粘度は温度が高くなると減少する―流体の流れやすさ―　*55*
  3-6　水は物質を溶かしやすい―物質を溶かして輸送する―　*55*
 4　重水と軽水―重水は軽水よりも特異な水― …………………………………… *62*
 5　超臨界水―液体であって気体でもある流体― ………………………………… *64*
 6　高温高圧の水（亜臨界水）と高温高圧水蒸気―反応性に富んだ水― …… *66*

第3章　機能水　―活性化の方法と利用法―

 1　自然による機能化―自然が活用化した水の利用― …………………………… *71*
  1-1　海洋深層水―海洋が持っている資源の利用―　*73*
  1-2　海洋深層水氷―機能水から作られる氷―　*78*

1-3　海水から採取され利用されている資源—塩—　79

1-4　淡水化—豊富にある海水を真水にする—　81

1-5　水産資源—海洋が育む資源の行方は？—　82

1-6　海水および海底の鉱物資源：海水溶存資源・熱水性鉱床・マンガン団塊
　　　—海洋は資源の宝庫である—　83

1-7　ハイドレート—深い海底に眠る新しい資源とは—　87

1-8　二酸化炭素の海洋隔離—地球温暖化の解決策になるのか？—　87

1-9　海洋温度差発電・波力発電・潮汐発電
　　　—海洋は巨大なエネルギー源である—　90

1-10　地熱発電：水蒸気と熱水—クリーンな国産エネルギーがある—　93

1-11　高温岩体・マグマ—熱エネルギーを水の気化を利用して取り出す—　97

1-12　温泉—古くから利用してきた地熱エネルギーでリラックス—　97

1-13　水力発電—水の位置エネルギーを利用した発電—　100

1-14　太陽光温水器—水を使って太陽エネルギーを利用する—　101

1-15　ナチュラルウォーター
　　　—自然が作り出すミネラルが溶け込んだ恵みの水—　101

2　人工的な機能水—意図的に活性化した機能水— ……………………… 103

2-1　水道水—安全な飲み水を作る（原水を活性化により飲料水に変える）—　107

2-2　浄水器でおいしい水—活性炭と膜で活性化する—　117

2-3　おいしい氷—活性化された氷—　119

2-4　医学的な水：スポーツドリンクと生理食塩水
　　　—究極の人工的機能水を使う—　121

2-5　超純水—限りなく純度100%を求めた機能水—　122

2-6　下水処理—きれいな水にして自然に返す。さらに，下水を資源に変える—　127

2-7　電解水—電気分解で得られる機能水—　131

2-8　超臨界・亜臨界水
　　　—気体それとも液体：臨界状態近傍での特異性による機能水—　139

2-9　過熱水蒸気・高温高圧水蒸気—水蒸気の持っている機能とは—　140

2-10　高圧水—高圧という機能を利用した技術—　141

2-11 溶存ガス制御水—オゾン，水素などを溶解することで機能を持った水— *142*
2-12 脱気水—溶存ガスを脱気して活性化した水— *144*
2-13 超音波処理水—超音波を照射して活性化— *144*
3 科学的根拠が示されていない機能水—いろいろある「不思議な水」— … *145*
3-1 π（パイ）ウォーター —水のパイ化って何なの？— *145*
3-2 波動水（薬石水）—自然鉱石により処理して活性化した水？— *145*
3-3 電磁場処理水（磁気処理水）—磁気処理で水はどう変わったの？— *146*
3-4 活性水素水—活性水素って何？ 有名な奇跡の水であるドイツのノルデナウ地区の湧水も活性水素水って本当？— *147*

第4章 これからの水と人間 —環境に優しい水—

1 健康に役立つ水 ……………………………………………………………… *150*
　1-1 水耕（養液）栽培による植物工場—安全な食料の確保につながるのか— *150*
　1-2 水と光触媒による健康的な居住空間
　　　—酸化分解力と超親水性でクリーニング— *152*
2 環境に役立つ水 ……………………………………………………………… *154*
　2-1 超臨界水酸化分解—ダイオキシンやPCBなどを無害化— *154*
　2-2 雨水の利用—大切な自然の恵みの有効利用— *155*
3 エネルギーに役立つ水 ……………………………………………………… *156*
　3-1 水からの水素の製造—燃料を作り出す— *156*
　3-2 携帯機器用小型メタノール燃料電池—燃料の原料はメタノールと水— *160*
　3-3 ハイドレートによる天然ガスの輸送 *160*
　3-4 水を使ったヒートポンプ—低い温度から高い温度へ熱をくみ上げる— *162*

索　引 ………………………………………………………………………………… *165*

第1章

水の役割
― 地球は水に支配されている ―

地球上の生命体である人間にとって，水は空気と同様，生きていくために欠かすことのできない大事な物質である。水の質，量そして流れ（循環）は人間の生活に重大な影響を及ぼしている。地球規模での水の保全は環境問題の重要課題の一つであり，人類が生き残るためには，大事な水を大切にしなければならない。最近は，より健康で快適な生活を求め，水に対する関心が高まっている。

この章では，水と人間の関わりについて解説する。

1 人間にとって重要な水

1–1　人間の体の60%は水からできている

人間の体の約60%は水からできている。新生児の場合この数字はさらに高く，体重の約80%が水である（表1.1）。生命の最小単位である細胞は，タンパク質（多種類のアミノ酸［分子中にアミノ基-NH_2とカルボキシ基-COOHを持つ化合物。タンパク質の中に見出されるアミノ酸は約20種］がペプチド結合してできている生体高分子。分子量は1万くらいのものから数百万になるものもある。筋肉，血液など体の多くの部分はタンパク質でできている。生体運動，神経系の活動，物質の輸送，免疫反応などもタンパク質が行っている），核酸（細胞の核の中にある遺伝子の本体であるデオキシリボ核酸［DNA］とDNAの遺伝子情報を伝達するリボ核酸［RNA］を核酸と呼ぶ），炭水化物（糖質：デンプンや糖の総称）などの生体高分子と，脂質（生体に存在する脂肪などの水に溶けにくく有機溶媒に溶けやすいいわゆるあぶら状の物質の総称。生体内でのエネルギー貯蔵物質，生体膜の構成成分，生体表面の保護層，ホルモンなどとして働く）やさまざまなイオン（原子は電気的に中性であるが，電子を放出したり受け取るとプラスあるいはマイナスの電荷を持つ［たとえば，H^+，O^{2-}］。それらをイオン［単原子イオン］という。2個以上の原子が結合した原子団がプラスあるいはマイナスの電荷を持つ場合もイオン［多原子イオン］と

表1.1 人体内の水の分布と主要組織の水含有量—年齢とともに水分量は減る—

(a) 人体内の水

細胞内の水	41%
細胞外の水	24%
血漿(血液中の水)	4
細胞間液	15
細胞間通過液	5

(人間の体の65%が水としての値)

(b) 主要組織の水含有量

組　織	重量〔%〕
筋組織	73〜75
神経組織	
白　質	68〜70
灰白質	84〜85
結合組織	約60
骨	約25
脂肪組織	約20

(c) 細胞を構成する主要な物質

成　分	重量〔%〕
水	80〜85
タンパク質	10〜15
脂　質	2〜3
核　酸	2〜7
炭水化物	2〜3

人体の主要組織である筋組織の約75%は水である。固体である骨でさえ約25%の水を含有している

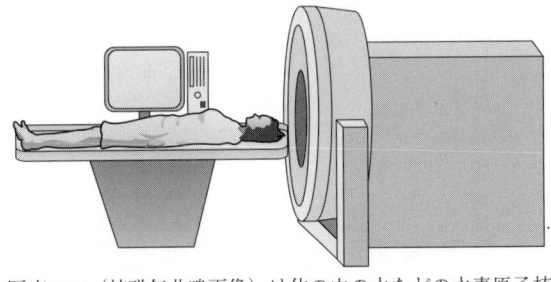

ガン細胞は正常な細胞より活発で水分量も多いので発見できる

医療MRI（核磁気共鳴画像）は体の中の水などの水素原子核を利用して断層写真を撮影する

(日本材料科学会（編），「水利用の最前線」，裳華房（1999），太田ら，「水の事典」，朝倉書店（2004）より作成)

いう［たとえば，NH_4^+，OH^-］）などが複雑な構造で組み合わされているが，これらを結び付けているのも水である。ただし，水といっても，この水は原形質（細胞膜で囲まれた細胞内の生きている物質。その成分は，水75%，タンパク質12%，脂質5%，核酸3%，無機塩2%，その他3%）と呼ばれるもので，ドロドロとしたゼリー状をしている。つまり，水の中にタンパク質，核酸，糖質などが浮かんでいて，それらを細胞膜という皮膜で取り囲んだものが細胞である。このような細胞が20兆個以上も集まって，人間の体を構成しているのである。生物体は一見固体のように見えるが，ほとんどが液体，つまり水なのである。

体重の約60%を占める水のうち約40%が細胞内に封じ込められた水で，残

図1.1 人体における1日の水の出入り―人体の水は常に入れ替わっている―

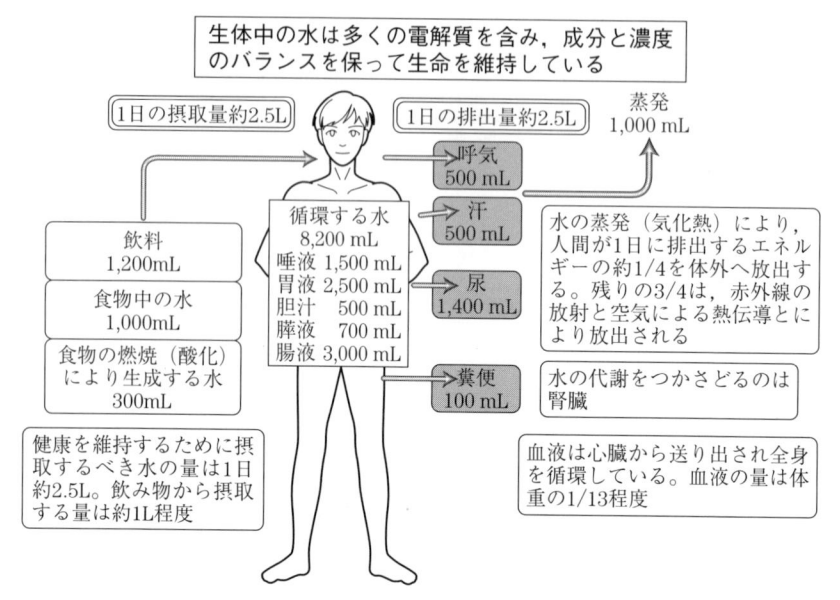

生体中の水は多くの電解質を含み，成分と濃度のバランスを保って生命を維持している

1日の摂取量約2.5L
- 飲料 1,200mL
- 食物中の水 1,000mL
- 食物の燃焼（酸化）により生成する水 300mL

健康を維持するために摂取するべき水の量は1日約2.5L。飲み物から摂取する量は約1L程度

循環する水 8,200 mL
- 唾液 1,500 mL
- 胃液 2,500 mL
- 胆汁 500 mL
- 膵液 700 mL
- 腸液 3,000 mL

1日の排出量約2.5L
- 呼気 500 mL
- 汗 500 mL
- 尿 1,400 mL
- 糞便 100 mL

蒸発 1,000 mL

水の蒸発（気化熱）により，人間が1日に排出するエネルギーの約1/4を体外へ放出する。残りの3/4は，赤外線の放射と空気による熱伝導とにより放出される

水の代謝をつかさどるのは腎臓

血液は心臓から送り出され全身を循環している。血液の量は体重の1/13程度

（左巻，「おいしい水 安全な水」，日本実業出版社（2000），日本材料科学会（編），「水利用の最前線」，裳華房（1999）より作成）

りが血液，リンパ液（組織［細胞と細胞間物質の集合体］を浸している液でリンパ管により循環し最終的には血液中に放出される）など，細胞の外にある水である（表1.1）。細胞内液と細胞外液を合わせたものを体液と呼ぶ。成人での血液の総量は5L，血液以外の体液の総量は1〜2Lである。この体液が生命の維持，活動に重要な役割を果たしている。人間は毎日水分を摂取しそして排出することにより生命を維持している（図1.1）。

人間の体液は，「海水」にきわめて近い性質を持っている（後出表1.2参照）。体液は，細胞が活動しやすいように，ナトリウム（Na），カリウム（K），マグネシウム（Mg），カルシウム（Ca），塩素（Cl）などの成分を，常に一定のバランスに保つように微妙な調整を行っている。この調整機能をホメオスターシス（恒常性維持機能）という。体液には電解質と非電解質（水に溶かしたときイオンに分かれる物質を電解質という［たとえば，NaOH, NaCl］。電解質の

水溶液は電気を導く性質を持つ。イオンに分かれない物質を非電解質といい，その水溶液は電気を導かない［たとえば，$C_6H_{12}O_6$，$CO(NH_2)_2$］があり，電解質にはナトリウム，カリウム，マグネシウム，カルシウムなどの陽イオンと塩素，亜硫酸（H_2SO_3）のような陰イオン成分があり，非電解質にはリン脂質（1個以上のリン酸基を有する脂質。生体膜の構造と機能において重要な役割を果たしている），コレステロール，中性脂肪，ブドウ糖（$C_6H_{12}O_6$），尿素（$CO(NH_2)_2$），乳酸（$CH_3CH(OH)COOH$）などの成分がある。電解質は体液の化学的特性を形作るものであり，非電解質は運搬や排泄に利用される物質である。こうした体液の物質の濃度の違いによりホメオスターシスが働いて，必要な成分を吸収し，一方不要なものを排泄して生命活動を営んでいる。

水は養分供給，血液輸送，利尿，発汗，体温調整，新陳代謝の促進など生命維持作用に関わっている

〈運搬作用〉
栄養物，ホルモン，代謝老廃物などを溶かし，各臓器の間を血流にのせて運搬する

〈溶媒作用〉
反応物質の溶媒は水である。体の中で化学反応は水に溶けた状態で起こる

〈体温調節〉
体重の半分以上の水を含む体は熱容量が大きく，体温を一定に保ちやすくしている。
体温が高くなると皮膚から汗を流し気化熱（蒸発熱）を奪い体温を下げる。また，水は熱伝導率が高いので特定の臓器だけの温度上昇を防ぐ

〈体液の酸・塩基平衡および浸透圧の調整〉
水はイオン性化合物の溶解度を調節している。生体内の電解質物質をイオン化し緩衝化している

細胞の中の生命の本体である原形質（タンパク質，脂質，核酸，糖質などが無機塩類とともに水中に溶けた状態）で行われる反応は酵素反応であり酵素は水に溶けた状態で活性を持つ。食物の消化や体成分の分解は加水分解反応であり水が必要である。分解した成分は，水に溶けて吸収，運搬そして排泄される

図1.2　人体における水の役割―代謝は水中における化学反応―
（左巻，「おいしい水 安全な水」，日本実業出版社（2000）を参考に作成）

水は老化現象にも重要な働きをする。体が老化するということは，水分が減っていくことでもある。水には基本的な新陳代謝（体の古い細胞が新しい細胞に替わること。人間の細胞はおよそ60兆個。場所により生まれ変わる周期が異なる。皮膚は28日周期，筋肉と肝臓は60日周期，心臓は22日周期，骨は90日周期，胃腸は5日周期。約90日で全身の細胞が入れ替わる）の働きがあり，歳をとるとともに体の水分が少なくなるのは，この新陳代謝が衰え体内で作られる水の量が減っていくためである。細胞内の水には，カリウムイオンという微量成分が含まれており，老化に伴い細胞内の水が減ると，このカリウム

水分が不足すると，糖とリン酸が交互に連なって構成されている長い鎖の2重らせんの形は失われる

右巻きの二重らせん構造

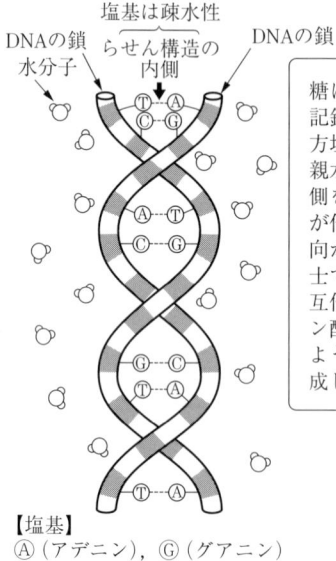

DNAの鎖
水分子

塩基は疎水性
らせん構造の内側

DNAの鎖

糖に塩基が結合しその配列によって遺伝子情報が記録されている。糖とリン酸は親水性であり，一方塩基は疎水性である。水の豊富な細胞内では，親水性の糖とリン酸が外側に，疎水性の塩基が内側を向き，向かい合った2つの塩基間に水素結合が作用し，2重らせん構造になる。塩基が内側で向かい合うのは，水分子と接触するより疎水基同士で結合するほうが安定であるという「疎水性相互作用」によるためである。外側を向いた糖とリン酸の部分は水と水和する。水が少ないと，このような力が作用しないため，2重らせん構造を形成しなくなってしまう

【塩基】
Ⓐ（アデニン），Ⓖ（グアニン）
Ⓒ（シトシン），Ⓣ（チミン）

鎖の影の部分が糖で，白い部分はリン酸を表す

図1.3　遺伝情報をつかさどるDNAの二重らせん構造における水の役割
（上田（監），「図解雑学　水の科学」，ナツメ社（2001）より作成）

が失われ細胞の生命力がなくなっていく。それゆえ，カリウムの減少は老化の指標になる。ナトリウムが増えるのも老化のしるしである。ナトリウムは水分が少なくなると細胞内に入り，神経痛や筋肉の老化などの異常を引き起こす。このように老化は水とおおいに関係があり，老化を防ぐには体によい水を適量摂取しなければならない（図1.2）。

体内における生命活動を維持するための化学反応も水の働きが支えている。たとえば，塩基の配列により遺伝子情報を記録しているDNA（デオキシリボ核酸）は2本の鎖がからみ合った2重らせんを形成しているが（図1.3），水がないと2重らせんの形は失われてしまう。

1-2　水が人間の体温を調節している

水は暖め難くかつ冷め難い性質を持っている（第2章を参照）。この水が体

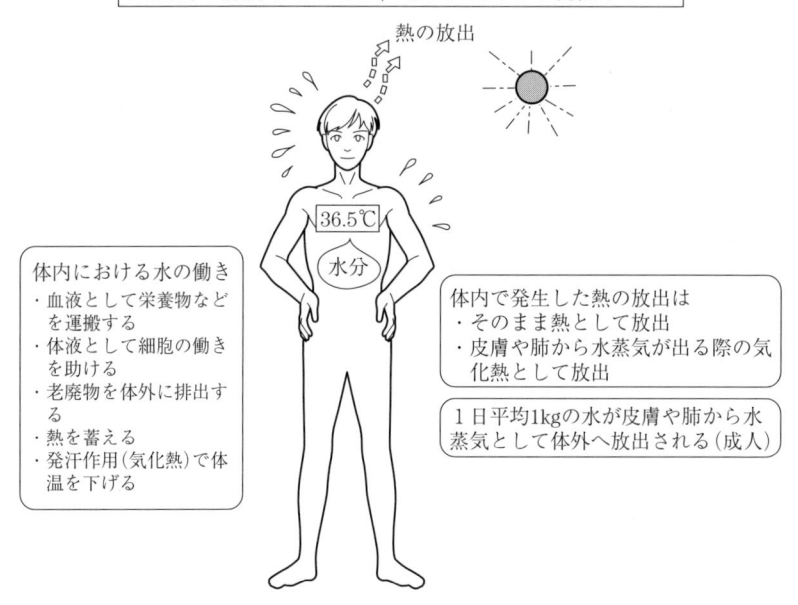

図1.4　水による体温の調節機能

の約60%を占めているため，外気温の変化に対して体温の変化は非常に鈍感なのである．外気温の変化にあまり影響されず，体温をほぼ一定に保つことができ，体は保護されている．水の比熱がほかの物質よりも大きいことから，この体の保温作用が現れるのである（図1.4）．

1-3　人間の祖先は水の中（海）で誕生した？─体液と海水の成分は似ている─

地球上における生命の起源についてはいろいろな説がある．どの説においても実験による生命の再現には成功していないが，現在一般的に受け入れられている説では，生物の誕生のプロセスは「大気中に存在していた物質（CO_2，N_2，H_2Oなど）から，高温，高圧，強紫外線下において，空中放電（雷）などにより単純な有機物（アミノ酸：分子中にアミノ基-NH_2とカルボキシ基-COOHを持つ化合物．タンパク質は多数のアミノ酸が結合してできている．生体中のタンパク質を構成するα-アミノ酸［アミノ基とカルボキシ基が同一の炭素原子に結合しているもの］は約20種類ある）が生成された．アミノ酸は水に溶けやすいため，大気中で生成されたアミノ酸は雨に溶け込みそして海に蓄積されていった．それらが海洋中である種の鉱物を媒体として結合し，縮合・重合により高分子化してタンパク質や核酸など細胞を構成する物質を生成した．それらが膜に包まれ外界と切り離されて細胞を生成した」と説明されている（図1.5）．生体分子の生成や重合には大量のエネルギーが連続的に供給される必要があるが，海底の熱水噴出が熱源の供給源ではないかと考えられている．

この説の根拠は，人間の体液の成分が海水の成分に似ていることである．人間の体液（血漿）の塩分は約0.9%で，海水の塩分約3.5%（生命が誕生したと考えられる太古における海水の塩分は2.5%程度であったと推定される）の1/4程度であるが，確かに表1.2に示すように人間の体液と海水の元素組成の比率はよく似ている．

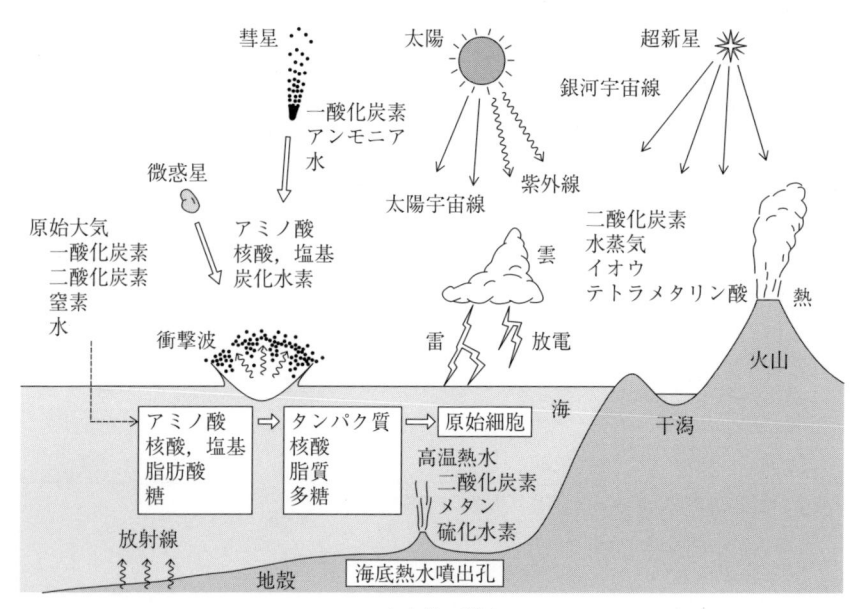

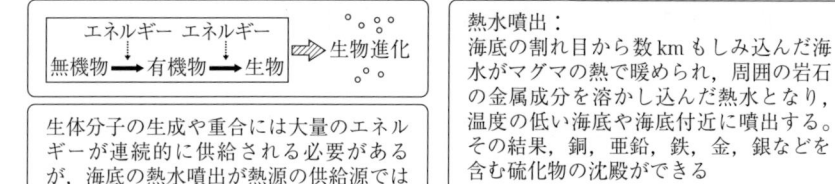

図1.5 海水中における生命体の誕生モデル（模式図）
（松井ら，「地球惑星科学入門」，岩波書店（1999）より作成）

表 1.2　海水と人間の体液の化学成分の比較

(Na$^+$を 100 とした成分比。血球を除く)

	Na$^+$	K$^+$	Ca^{2+}	Mg^{2+}	Cl$^-$	SO$_4^{2-}$
現在の海水	100	3.61	3.91	12.1	181	20.9
人間の体液	100	6.75	3.10	0.70	129	—

Cl, Na, K, Ca の割合が体液と海水とで非常によく似ている

人体，海水に含まれている元素の順位は下の表のようになっている

含有順位	人体	海水	含有順位	人体	海水
1	水素	水素	7	硫黄	カルシウム
2	酸素	酸素	8	ナトリウム	カリウム
3	炭素	塩素	9	カリウム	炭素
4	窒素	ナトリウム	10	塩素	窒素
5	カルシウム	マグネシウム	(11)	マグネシウム	
6	リン	硫黄			

(柳川，「地球惑星科学入門」，岩波書店（1999）より作成)

2　水の循環が地球の気象を支配している

2-1　水は生命が生きやすい環境を作っている

　水は自然界において，図 1.6 に示すような緩やかでグローバルな循環を繰り返し，地球の気象をコントロールしている．太陽は陸地や海洋を暖め，水分を蒸発させて上空で雲を作り，その雲が成長し雨や雪となり，地表に降り注ぐ水の循環が形成されている．太陽熱により蒸発した水（水蒸気）は，上空では気圧が低いため断熱膨張による冷却を起こし，液体（雨）や固体（雪）になり地表に戻ってくる．陸地や湖沼に降った雨の一部は地下水となり地中深くに浸透し，湧き水となる．地表を流れる水は小川から河川を経てふたたび海洋に戻る．

2 水の循環が地球の気象を支配している

(a) 循環の模式図

海洋→大気→地上→河川→海洋の地球規模の循環

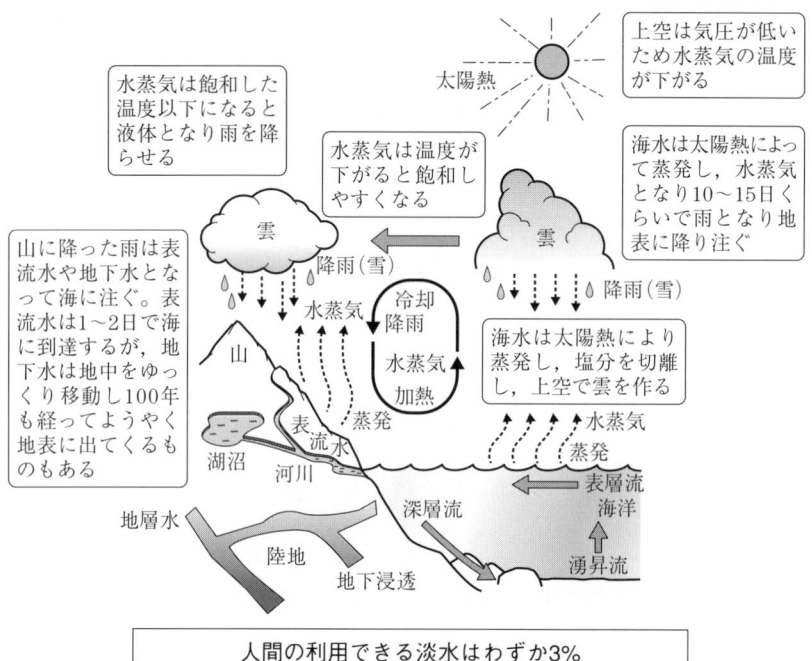

上空は気圧が低いため水蒸気の温度が下がる

太陽熱

水蒸気は飽和した温度以下になると液体となり雨を降らせる

水蒸気は温度が下がると飽和しやすくなる

海水は太陽熱によって蒸発し，水蒸気となり10〜15日くらいで雨となり地表に降り注ぐ

雲　降雨(雪)　雲　降雨(雪)

山に降った雨は表流水や地下水となって海に注ぐ。表流水は1〜2日で海に到達するが，地下水は地中をゆっくり移動し100年も経ってようやく地表に出てくるものもある

水蒸気　冷却降雨　水蒸気加熱　蒸発

海水は太陽熱により蒸発し，塩分を切離し，上空で雲を作る

山　蒸発　湖沼　表流水　河川　深層流　水蒸気蒸発　表層流　海洋　湧昇流

地層水　陸地　地下浸透

人間の利用できる淡水はわずか3%

鋼鉄を作るのに100tの水を使う

工場・発電所　原子力

地球上の水のほとんどは海水であり，淡水もそのほとんどは人間が利用できない氷雪である

全部足しても3%

図1.6　地球における水のグローバルな循環の模式図と滞留時間（その1）

(b) 地球上の水の内訳（地球上の水の 96.5% は海水）

項目		水量		構成比〔%〕
		総量	淡水	
地球上の水の総量		$1,386×10^6 km^3$	$35×10^6 km^3$	100
内訳	海水	1,338	—	96.5
	地下水	23	10.53	1.7 (30.1)
	氷雪	24	24	1.7 (68.7)
	地下凍土	0.3	0.3	0.02 (0.86)
	湖	0.18	0.09	0.01 (0.26)
	河川・その他	0.14	0.14	0.002 (0.08)

(c) 循環量と滞留時間

分類	滞留時間	循環量〔km^3/年〕
海水	3,200 年	418,000
河川水	13 日	35,000
湖沼水	数年～数百年	—
土壌水	0.3 年	76,000
地下水	830 年	12,000
氷雪	9,600 年	2,500
水蒸気	10 日	483,000

構成比の（ ）の値は全淡水量に対する割合

図1.6 地球における水のグローバルな循環の模式図と滞留時間（その2）
（岡崎, 鈴木,「調べてみよう 暮らしの水・社会の水」(2003) より作成）

この水のグローバルな循環により，海水から淡水が作られ（海水の蒸発），海水中のカルシウムやマグネシウムなどの元素の濃度がバランスよく保たれることにより，生命が生きやすい環境が守られてきた．

2-2 水は汚染物質を拡散している―生物濃縮と酸性雨―

　水のグローバルな循環は，人間が排出する汚染物質を地球全体に拡散し，局所的に濃縮することにより生態系を破壊し，環境問題を起こす役割を残念ながら担ってしまっている．水はいろいろな物質をよく溶かす性質があり（第2章参照），ダイオキシン（有機塩素化合物のポリ塩化ジベンゾフランとポリ塩化ジベンゾパラジオキシンの総称．内分泌かく乱物質である．ポリ塩化ビニルのような塩素を含むプラスチックを焼却すると発生する場合がある．内分泌かく乱物質はホルモンの分泌やその作用をかく乱する化学物質で，環境ホルモンとも呼ばれる），農薬などの有害物質も溶かし蓄積してしまう．処理が十分でなければ，汚染された水を飲料水として取り込むことにもなる．また，海水，河川，湖沼に蓄積された有害物質はその水中にいる魚などの生物を汚染し，生物濃縮されて濃度が高くなった魚を食べることにより人間が有害物質を取り込む

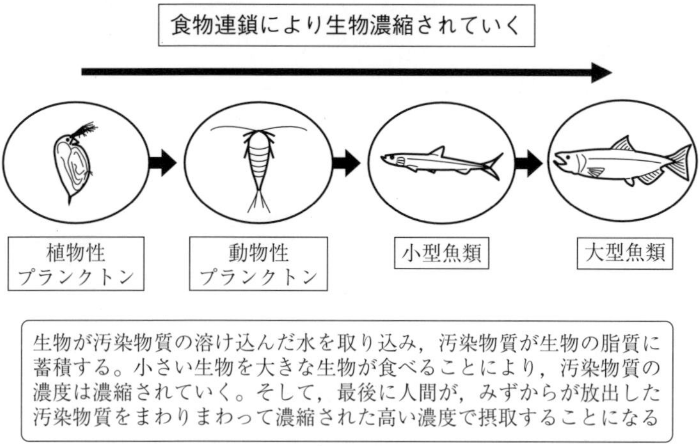

食物連鎖により生物濃縮されていく

植物性プランクトン　動物性プランクトン　小型魚類　大型魚類

生物が汚染物質の溶け込んだ水を取り込み，汚染物質が生物の脂質に蓄積する。小さい生物を大きな生物が食べることにより，汚染物質の濃度は濃縮されていく。そして，最後に人間が，みずからが放出した汚染物質をまわりまわって濃縮された高い濃度で摂取することになる

図 1.7　生物濃縮のメカニズム

ことになる（図 1.7）。

　生物濃縮の度合いは，生物の種類，脂質含有率（脂質に蓄積する率），成育条件などにより異なるが，農薬やダイオキシンは高濃縮性物質であり，食物連鎖により海水中の濃度を 1 とすると動物プランクトンで 6,400 倍，イルカで 1,000 万倍まで濃縮されるといわれている。

　雨や雪は大気を漂う工場のばい煙や自動車の排気ガス中の SO_x や NO_x などの一部を吸収し，酸性雨や酸性雪となって地表に降り注ぐ。このように，水または雪は汚染物質の運搬役となって，地球全体に環境問題を拡散している（図 1.8）。

　普通の雨は大気中の二酸化炭素を取り込んで炭酸として含んでいるので，pH 5.6 くらいの弱酸性であるが，酸性雨は硫酸，硝酸，炭酸，塩酸などが含まれて pH 5.6 以下になった雨のことである。人間社会（石油や石炭の燃焼など）と自然界（火山活動など）を発生源とする大気中の硫黄酸化物（ソックス SO_x：SO_2，SO_3，硫黄ミストなど），窒素酸化物（ノックス NO_x：NO，NO_2）が，上空で太陽光によりオゾン（O_3）が水蒸気と反応してできるヒドロキシラジカル（·OH：OH ラジカルのことで，O 原子の 2p 軌道に電子が 1 個だけ不

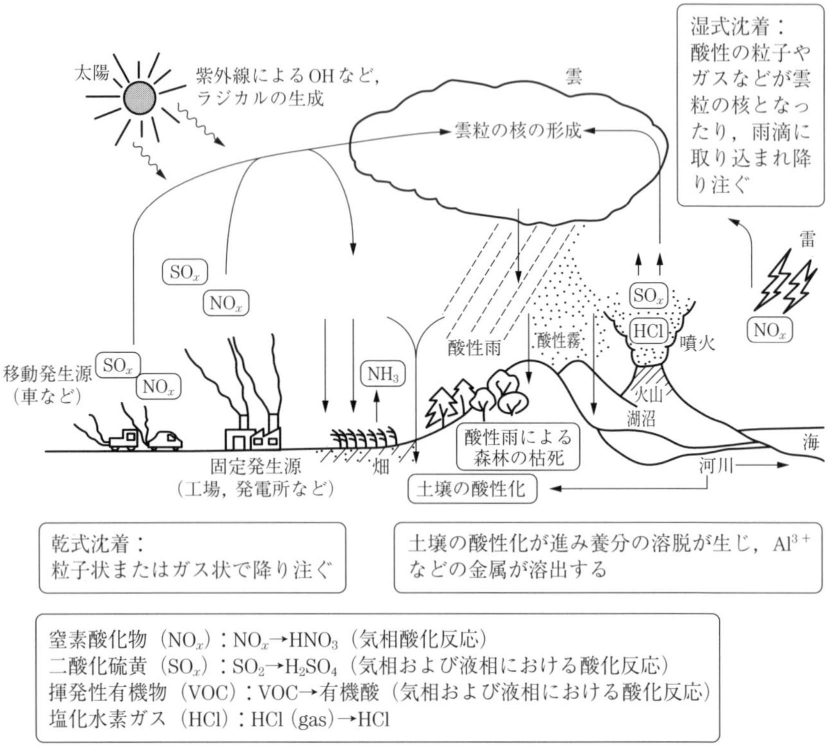

湿式沈着：
酸性の粒子やガスなどが雲粒の核となったり，雨滴に取り込まれ降り注ぐ
太陽
紫外線によるOHなど，ラジカルの生成
雲
雲粒の核の形成
雷
SOx
NOx
SOx
HCl
噴火
NOx
酸性雨
酸性霧
移動発生源（車など）
SOx
NOx
NH3
火山
湖沼
海
酸性雨による森林の枯死
固定発生源（工場，発電所など）
畑
河川
土壌の酸性化
乾式沈着：
粒子状またはガス状で降り注ぐ
土壌の酸性化が進み養分の溶脱が生じ，Al3+などの金属が溶出する
窒素酸化物（NOx）：NOx→HNO3（気相酸化反応）
二酸化硫黄（SOx）：SO2→H2SO4（気相および液相における酸化反応）
揮発性有機物（VOC）：VOC→有機酸（気相および液相における酸化反応）
塩化水素ガス（HCl）：HCl (gas)→HCl

図1.8　酸性雨（湿式沈着：雨や雪によるガス吸収）の発生

足している状態［電子は2個ずつペアになって安定な状態になる。フッ素原子と同様な電子配置］で，電気的には中性であるがきわめて反応性に富んでいる。この電子が1個だけある状態をラジカルとして·OHとも表す）と大気中や雲の中で反応（光化学反応）し，硫酸（H_2SO_4）と硝酸（HNO_3）が生成される。それらは雲粒に溶け，雨に含まれて地上に降り注ぐ。硫黄酸化物は，自然界では火山活動，人間社会では石油や石炭などの化石燃料の燃焼，非鉄金属の精錬などにより放出されている。窒素酸化物は，自然界では土壌のバクテリアや雷，人間社会では工場の排煙と自動車の排ガスにより放出される。火山活動や海水の飛沫，そして工場やごみ焼却場から放出される塩化水素ガス（HCl：塩酸に

なる) も酸性雨の原因となる。

　酸性雨が植物の葉に降り注ぐと，葉の毛や気孔を傷付け，光合成などの生理作用を乱し成長を阻害する。酸性雨により，土壌に含まれているアルミニウム (Al) がイオンの形で溶け出し (土壌の酸性化)，根毛を傷めて栄養源の吸収を妨げ最悪の場合，植物を枯らしてしまう。最終的には森林の衰退・枯死を招く。酸性雨により溶け出したアルミニウムは湖沼・河川の酸性化も起こす。土壌から溶け出したアルミニウムイオンや重金属イオンは毒性を持ち生物を死に追いやり生態系を破壊する。

2-3　異常気象も水によって演出されている―エルニーニョとラニーニャ―

　エルニーニョは，太平洋東部赤道海域のエクアドルからペルー沖で毎年のように起こる，海流変化により水温が上昇する現象で，毎年クリスマス前後に水温が2〜3℃上昇する。現在では，本来のこの局地的な現象ではなく，数年に一度の (最近は頻繁に起こる) より大規模な異常高水温現象を指すことが多い。これは太平洋低緯度海域全域に及び，長期間にわたって高水温現象が続き，世界各地の異常気象や気候変動に大きな影響を及ぼす。図1.9にエルニーニョ現象とラニーニャ現象のメカニズムを示す。太平洋では通常貿易風が吹いており (大気が暖められると強い上昇気流が発生し気圧は低くなり，風がこの低圧部に向かって吹き込む。太平洋では東から西に向かって貿易風が吹く)，これにより赤道上で暖められた表層の海水を太平洋西側 (インドネシア付近) に寄せ，かわって東側には冷たい海水が湧き上がる。これを湧昇流という。この現象が発生すると貿易風が弱まるため，暖められた海水が太平洋中央に進出，海水の温度が上がる。暖かい海水が太平洋の東岸まで達してエルニーニョの最盛期となる。大気と海洋が相互に作用してエルニーニョが起こるのである。上昇する海水温度は通常で1〜2℃，最大で5℃である。エルニーニョやラニーニャが発生すると，世界各地で異常気象が発生する。日本では冷夏となることが多い。ただし，発生のメカニズムはまだ解明されていない。

(a) 西　　　　　　　　　　　　　　　東

この2つの状態が交互に繰り返されている

ラニーニャ

(高)

(低)
上昇気流　　貿易風(東風)

高　暖　　　　　　　　　冷
　　　　　　　　　　　　(湧昇流)
インドネシア　南太平洋　冷たい海水　南アメリカ

(b)

エルニーニョへの過渡期

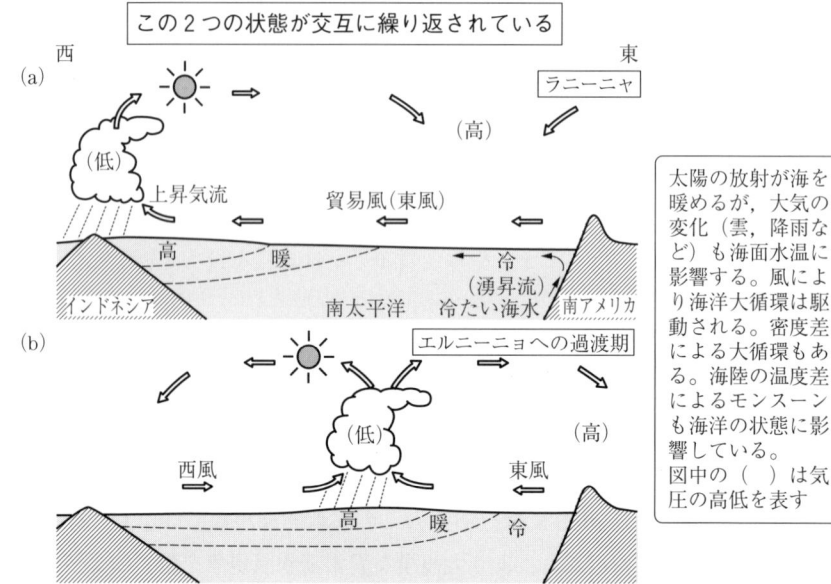

(低)　　　　　　　　　　(高)

西風　　　　　　　　　　　東風

高　　　暖　　　　　　　冷

太陽の放射が海を暖めるが，大気の変化(雲，降雨など)も海面水温に影響する。風により海洋大循環は駆動される。密度差による大循環もある。海陸の温度差によるモンスーンも海洋の状態に影響している。
図中の( )は気圧の高低を表す

(a) **ラニーニャ**（以前は正常な状態と考えられていた）：スペイン語で「女の子」のこと
西太平洋からインド洋，アジアモンスーン地域で活発な降水があり，それにより上昇気流が生じ，活発な積乱雲ができる。そこに向かって風が吹き込む。これが貿易風である。この積雲活動は，西太平洋の暖かい海水からの水蒸気により維持される
(b) **エルニーニョ**：スペイン語で「男の子（男の子，神の子キリスト）」のこと
暖かい海水が東に広がり，それに呼応して西風がインド洋から太平洋中央部まで吹き込む。積乱雲も太平洋中央部に移動する。さらに太平洋の東岸まで達してエルニーニョの最盛期となる

図1.9　太平洋でのエルニーニョ現象とラニーニャ現象

2-4　森林破壊と水の関係は

　温室効果ガス（大気中において赤外線を吸収し地球温暖化の原因となるガス。CO_2，フロンガスなど）である二酸化炭素の削減に関連して問題となっている森林破壊はおおいに水にも関係がある。森林が破壊されると保水（微生物により分解された枯葉と土からなる腐植土の層が水を保持する）・浄化（枯葉の層や腐植土の層などからなる土壌を水が浸透していくうちに余分な物質が取り除

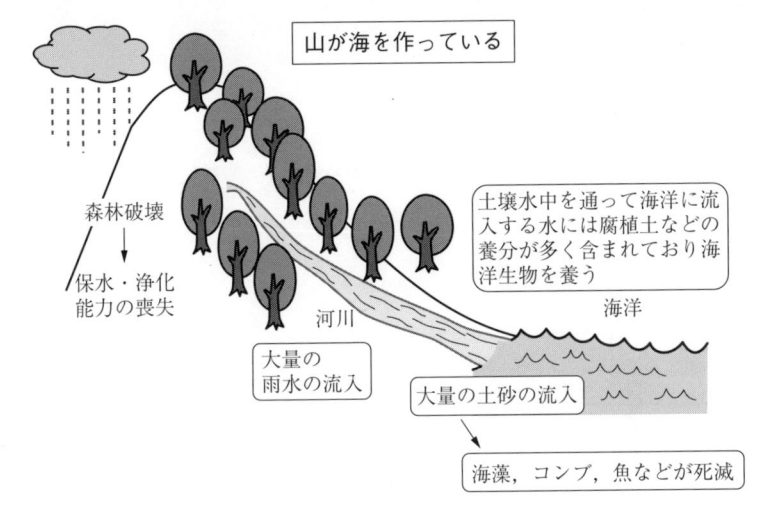

図1.10 森林破壊と河川・海の生態系—森林は地球環境を復元する原動力—

かれてきれいになる）の能力を失い，大量の雨水が直接河川に流れ込んで河川の生態系を崩し，大量の土砂を海に運び，河口近くの海の生態系を破壊する（図1.10）。

2-5 環境の改善に水を利用する

環境汚染を拡散するのに水は一役かっているが，環境の改善にも水は使われている。大気中に放出された汚染物質を水で捕獲する。前述の酸性雨も，大気汚染の観点から捉えると，雨が大気中の汚染物質を除去して大気を浄化していることになる。

集塵操作は大気中を浮遊する微粒子（エアロゾル）を捕集する操作である。水を使用した集塵操作には，スプレーノズルから$5 \sim 20 \mu \mathrm{m}$程度の微細な水滴（ミスト）を噴出し，大気中の微粒子を捕集するスクラバ（洗浄集塵）がある（図1.11）。

ガス吸収は，吸収液と汚染物質を含む混合ガス（排ガス）を接触させて，ガス状の汚染物質を吸収液に溶解させて除去することにより，汚染された排ガスを浄化するプロセスである。吸収液には，水あるいは汚染物質と化学反応する

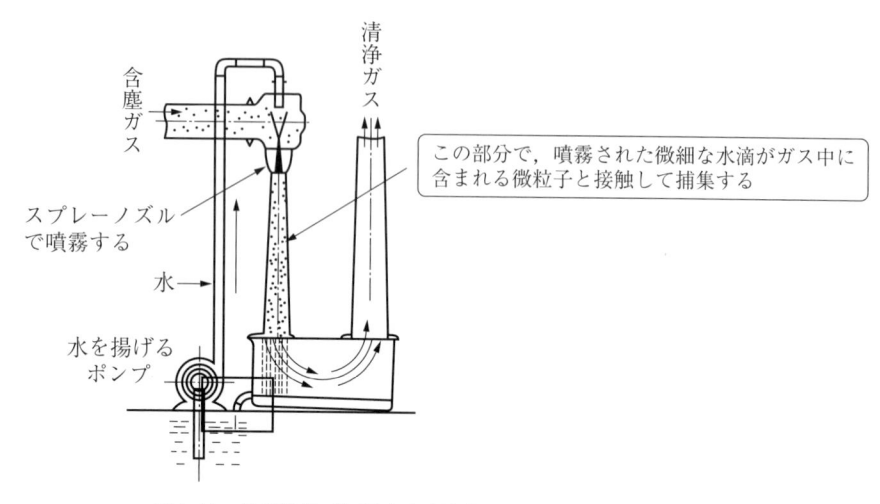

図1.11 集塵装置（加圧水式洗浄集塵装置：ジェットスクラバ）

ことにより溶解を促進させる物質を含む水溶液が使用される。第2章で述べるように，水がいろいろな物質をよく溶解する性質を利用したものである。硫化水素（H_2S）などの酸性ガスのガス吸収による除去には，アミン類（アンモニア NH_3 の水素原子を炭化水素基で置換した化合物）の水溶液がよく使われる。図1.12に水を用いたガス吸収操作による排ガス処理（SO_x）の例を示した。

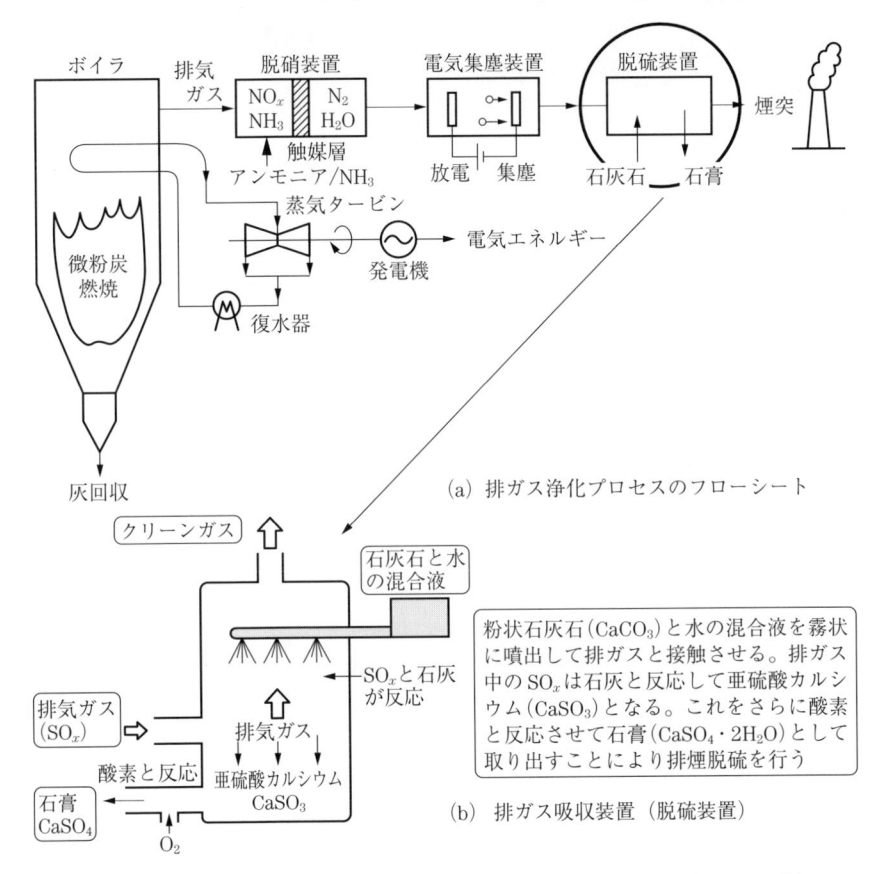

図 1.12 水を用いたガス吸収操作による火力発電所の排ガス処理（SO_x の除去）

3 おいしい水と健康によい水—おいしい水を求めて—

　現代人はおいしい水そしてさらに健康によい水を探し求めている。「おいしい水」を求め，大きなプラスチック容器を持ってスーパーで無料提供されている水を採取している人を多く見かける。ほんとうに「おいしい水」とはどんな水なのであろうか。

表1.3　一般的に水に含まれている物質

無機物	無機塩類，溶存ガス，重金属 硬度分（カルシウム，マグネシウム）
有機物	リグニン，タンニン，フミン酸，フルボ酸 エンドトキシン，RNase 農薬，トリハロメタン，環境ホルモン様物質 合成洗剤，溶剤
微粒子	鉄錆，コロイド
微生物	細菌類，藻類

（日本ミリポア㈱ラボラトリーウォーター事業部，「超純水超入門」，羊土社（2005）より作成）

〈リグニン〉高等植物の木化に関与する高分子のフェノール性化合物。木材中の20～30%を占めている。分子量が500程度から20,000に達するものまである
〈タンニン〉植物に由来し，タンパク質，アルカロイド，金属イオンと反応し難溶性の塩を形成する水溶性化合物の総称
〈フミン酸〉植物などが微生物により分解された最終生成物であるフミン質のうち，酸性である無定形高分子物質。腐植や土壌のほか湖沼・海洋堆積物・天然水・石炭などに含まれる
〈フルボ酸〉土壌中の有機物から抽出できる酸，アルカリに可溶な複雑な物質の混合物
〈エンドトキシン〉内毒素，細胞壁の成分であり積極的には分泌されない毒素
〈RNase〉リボヌクレアーゼ，リボ核酸を分解してオリゴヌクレオチドあるいはモノヌクレオチドにする反応を触媒する酵素
〈トリハロメタン〉メタン（CH_4）の水素原子3個がハロゲン原子（フッ素，塩素，臭素，ヨウ素）で置き換わった化合物の総称。原水に含まれている有機物と消毒のために投入される塩素が反応してできる。塩素殺菌により副生する有害物質である。精密濾過膜と活性炭吸着装置が付いた浄水器を用いると除去できる

　純水な水（H_2O）は無味無臭であるが，通常H_2O以外の成分を含んでいて，その成分と量が水の味を決めている。純粋なものより適度に不純物を含んでいるほうがおいしく感じるのである。純水を作ることは難しく，実際に存在する水には何かしら含まれている。地球上の水には一般的に表1.3に示すようないろいろな物質が含まれている。

3-1　水道水—結構おいしい水—

　水道水はカルキ（アンモニア［NH_3］を塩素［Cl_2］で酸化すると，モノクロ

表 1.4 水道水の基準

項　目	基　準　値
亜鉛およびその化合物	亜鉛の量に関して，1.0 mg/L 以下であること
アルミニウムおよびその化合物	アルミニウムの量に関して，0.2 mg/L 以下であること
鉄およびその化合物	鉄の量に関して，0.3 mg/L 以下であること
銅およびその化合物	銅の量に関して，1.0 mg/L 以下であること
ナトリウムおよびその化合物	ナトリウムの量に関して，200 mg/L 以下であること
マンガンおよびその化合物	マンガンの量に関して，0.05 mg/L 以下であること
塩化物イオン	200 mg/L 以下であること
カルシウム，マグネシウム等（硬度）	300 mg/L 以下であること
蒸発残留物	500 mg/L 以下であること
陰イオン界面活性剤	0.2 mg/L 以下であること
ジェオスミン	0.00001 mg/L 以下であること
2-メチルイソボルネオール	0.00001 mg/L 以下であること
非イオン界面活性剤	0.02 mg/L 以下であること
フェノール類	フェノールの量に換算して，0.005 mg/L 以下であること
有機物〔全有機炭素（TOC）の量〕	5 mg/L 以下であること
pH 値	5.8 以上 8.6 以下であること
味	異常でないこと
臭　気	異常でないこと
色　度	5 度以下であること
濁　度	2 度以下であること

（日本ミリポア㈱，「超純水超入門」，羊土社（2005）より作成）

〈ジェオスミン〉$C_{12}H_{22}O$，カビ臭の原因物質で藍藻類または放線菌により産生する
〈全有機炭素（TOC）〉水中の全有機物に含まれる炭素の量で表す有機物量の指標
〈pH〉水中の水素イオン（$[H^+]$）濃度を表す指標。$pH = -\log_{10}([H^+])$ と定義され，$pH=7$ は中性，$pH>7$ はアルカリ性，$pH<7$ は酸性である

ラミン [NH_2Cl], ジクロラミン [$NHCl_2$], 三塩化窒素 [NCl_3] などを経て窒素ガスに分解される。カルキ臭は塩素そのものの臭いではなく, おもに三塩化窒素の臭いである) の臭いがしておいしくないと一般にいわれている。水道水には消毒のために塩素が入れてあり, そのために独特の臭いがする。塩素は, 水中で次亜塩素酸になり原水中の有毒なアンモニア性窒素を酸化して無害化す

表1.5 おいしい水の要件(「おいしい水研究会」による)

水質項目	おいしい水の要件	摘 要
蒸発残留物	30〜200 mg/L	主にミネラルの含有量を示す。量が多いと苦味, 渋味などが増し, 適度に含まれれば, こくのあるまろやかな味がする
硬 度	10〜100 mg/L	ミネラルの中で量的に多いカルシウム, マグネシウムの含有量を示す。硬度の低い水はくせがなく, 高いと好き嫌いが出る。カルシウムに比べてマグネシウムの多い水は苦味を増す
遊離炭酸	3〜30 mg/L	水にさわやかな味を与えるが, 多いと刺激が強くなる
過マンガン酸カリウム消費量	3 mg/L 以下	有機物量を示す。多いと渋味を付け, 多量に含まれると塩素の消費量に影響して水の味を損なう
臭気度	3 以下	水源の状況により, さまざまな臭いが付くと不快な味がする
残留塩素	0.4 mg/L 以下	水にカルキ臭を与え, 濃度が高いと水の味をまずくする
水 温	20℃以下	夏に水温が高くなると, あまり美味しくないと感じられる。冷やすことにより美味しく飲める

(過マンガン酸カリウム消費量:水質汚染により水に含まれる有機物量を表す指標で, 多いと渋味がする)

〈硬度〉水に溶解しているカルシウム (Ca), マグネシウム (Mg) イオンの量。それぞれの炭酸塩としての合計量が総硬度である。硬度の50以下が軟, 50〜100がやや軟, 100〜200をやや硬, 200以上が硬

るとともに，鉄とマンガンを酸化し，さらに他の化学物質（合成洗剤，農薬など）を酸化分解し，またプランクトンや藻類などを死滅する働きを持っている。塩素は細胞膜を破壊することにより細胞液を外に流出させ殺菌する。塩素は水中において長時間残留し殺菌効果を持つため，配管やタンクで細菌による再汚染があっても殺菌できる。水道水の安全確保のために塩素が加えられる。水道水を飲む前の残留塩素の除去は，沸騰させるか日光にあてて分解するなどの方法で容易にできる。水の用途に従って，水に含まれる成分と量の決まりがある。水道水については，表1.4に示す基準が設けられている。

　いわゆる安全な水を定義するものとして水質基準項目がある。「基準項目（46項目）」（その内訳は，健康に影響するカドミウム［Cd］，シアン［CN］，四塩化炭素［CCl_4］，トリハロメタンなどについての「健康に関連する項目（29項目）」と，健康影響は少ないが水道を使用するのに障害となる項目についての「水道が有すべき性状に関する項目（17項目）」），おいしい水道水を目指す努力目標である「快適水質項目（13項目）」および水質基準を補完する指針である「監視項目（33項目）」からなっている。ただし，水のおいしい要件と安全基準である水質基準とは同じではない。「おいしい水」とはどのような水なのか。味は個人の好みもあり，一概にいうには難しい。厚生省（現厚生労働省）が作った「おいしい水研究会」によるおいしい水の要件は表1.5に示すものである。

3-2　おいしい水の要素―軟水はまろやかな味？―

　おいしい水の3要素は，ミネラル，二酸化炭素（CO_2）と水温である。水に溶解しているミネラルの種類と量は水質を考える上で重要である。

　ミネラルは，カルシウム，マグネシウム，ナトリウム，カリウムなどが溶けている鉱物質で，多すぎても少なすぎてもおいしくない。1Lの水に30～200mgが適量である。100 mg/Lぐらい溶けている水がまろやかな味になるといわれている。カルシウムの量がマグネシウムの量より多いほうが味がよいとされている。カルシウムは味をよくする成分で，マグネシウムは苦みを出す成分である。ミネラルの量を表す尺度が硬度（硬度は，［硬度］＝［カルシウム量×

2.5］＋［マグネシウム量×4］の式でほぼ正確に算出される）である。カルシウムとマグネシウムの量が，1 L 中 100 mg 以下が軟水，100〜200 mg が中硬水，200 mg 以上が硬水とされる。硬度の低いミネラルウォーターのほうがおいしく，ミネラル成分が多い硬水のほうが体によい。

　二酸化炭素が十分に溶けていると新鮮でさわやかな味になるといわれている。酸素も水に清涼感を与える。

　水温については，水道水でも 10〜15℃ くらいに冷やされているとおいしいと感じられるようである。温度の低い水は，口腔の粘膜を刺激することにより清涼感を感じさせ，さらに味覚を鈍くするためカルキ臭が感じられなくなりすっきりした感じになる。

3-3　水の種類と値段はいろいろ—機能化すると値段は高くなる？—

　人間が利用できる水は地球上にある水のうち約 3% でごくわずかである。上下水道用水としては，病原菌や毒物を含まず，異常な酸性やアルカリ性でない

表1.6　水の値段のいろいろ

水の種類	水の値段	処理方法
水道水	150 円/m^3	原水が河川水の場合は，水の中の大きい浮遊物を除去し，凝集剤を注入して濁り成分などを凝集剤除去後，滅菌処理し供給
超純水	1,000 円/m^3	水道水とか井戸水などをさらに逆浸透（RO），イオン交換，紫外線殺菌，限外沪過処理を行い製造
ミネラルウォーター	150,000 円/m^3	合成か，あるいは天然の湧き水その他を瓶詰めないしは紙パック詰めしたもの
スポーツドリンク	400,000 円/m^3	水道水または純水に数種の化合物を添加し製造
スキンケアー水	10,000,000 円/m^3	超純水

（久保田，「おもしろい水のはなし」，日刊工業新聞社（2001）より作成）

> 高度な技術で製造される超純水はミネラルウォーターより安い。中身がほとんど同じでも使用目的が違うと値段が大きく違う不思議

こと，無色透明で異臭のないことなどが要求される。工業用水の水質としては，用途により大きく異なり，IC（集積回路）の洗浄用には非常に純度の高い超純水が使われ，ボイラ用水にも高い純度の水が使用される。食品などの原料用水には上水道と同じ基準の水が要求される。工場などで使用される冷却用水などは海水が使われることも多く，厳しい水質基準は要求されない。水の値段は当然ながら処理すればするほど高くなる（表1.6）。

3-4 ミネラルウォーター —大地が作るおいしい水—

水は本来無味無臭である。雨水は蒸留水に近く，ミネラル成分などをほとんど含んでいない。不純物をまったく含まない純水の味は，湯ざましと同じように無味無臭である。地球上に降った雨水は，いろんな地質層や岩石層の狭い隙間に浸み込んでいって，いろいろなミネラル成分（カルシウム，マグネシウムなど）を溶かし込む。ミネラルウォーターに味があるのは，純粋な H_2O ではなく鉱物分などを溶かし込んでいるからである（図1.13）。

天然ミネラル水の中には，鉱物，苔や藻などの微生物を含めて実に500種以

水のみを原料とする清涼飲料水
（食品衛生法による）

ミネラルウォーターは4種類に分類される
・ナチュラルウォーター
・ナチュラルミネラルウォーター
・ミネラルウォーター
・ボトルドウォーター

市販されているミネラルウォーターのほとんどは，ナチュラルミネラルウォーター（地中においてミネラル分が溶け込んだ地下水で，濾過，沈殿，加熱殺菌処理した水）である

図1.13　ミネラルウォーター —増え続ける需要—

上の物質がほどよく溶け込んでいる。カルシウム・ナトリウム・カリウムなどさまざまなミネラル成分（鉱物質）が溶け込んでおり，ミネラル分が多く含まれると水の味は硬く感じられ，少ないと軟らかく感じられる。

　一般に硬い水（硬水）は口に含むと引き締まった味がする。冷蔵庫で冷やせば，味の硬い感じは一層強調され，よりおいしく感じるといわれている。一方，軟らかい水（軟水）は口の中で優しく広がる。香りや風味を大切にする日本茶をいれるときは，軟らかい水が向いているようである。

　含有成分のほかに水のおいしさを決める要素として水温がある。だいたい $10～15℃$ の範囲で特に $13～14℃$ くらいが一番おいしいと感じる人が多いといわれている。水が単に冷たいからおいしいと感じるのか，それとも水の温度を下げることにより，水に構造的な変化が生じておいしく感じるようになるのかどうかはわかっていない。水を冷やしたりあるいはミネラル分が溶解していると，水のクラスター（第 2 章参照）が大きくなりおいしくなるという説もある。

　水をおいしくする成分は，おもに Ca，K，SiO_2 の 3 成分である。Mg，SO_4 は水をまずくする成分である。Ca と Mg の合計が硬度であるが，硬度が高すぎるとしつこい味になり，低すぎるとコクのない水になる。Ca はおいしい水の成分として重要なばかりではなく，健康によい水でも重要な成分である。Ca は人体において神経伝達，筋肉収縮，骨格形成などに関わるとともに，Ca が不足するとイライラやストレスなどの感情や精神活動にも関係がある。Ca 摂取量の多い地域では高血圧症の発生率が低く，一方 Ca 摂取量の少ない地域では脳卒中の発生率が高いこともわかってきた。しかし，Ca を取りすぎると，逆にコレステロールや脂肪が増える傾向にあることも明らかになっている。Ca の摂取は適量でなければならない。

　鉄分があると金気（かなけ）がして渋い味となる。マンガンは苦みの原因となる。

　市販のミネラルウォーターの多くは，水質基準を満たすために原水を加熱殺菌（$120～140℃$ で数秒間加熱）や特殊なフィルタ沪過により細菌除去したものである。輸入品には，採水したものがそのまま容器に詰められているものもある。

3-5 健康によい水—スポーツドリンク—

　スポーツドリンクなどのように，体によい物質を水に溶解したり，アルカリイオン水のように電気分解などの処理により体によい状態にした水を作るなどして，「健康によい水」として販売されている。スポーツドリンクは，スポーツにより失われがちなカリウムイオンやナトリウムイオンなどの電解質や，マグネシウムやカルシウムなどのミネラル分を補給する飲料である。生理食塩水に近い浸透圧で胃腸に負担をかけないよう配慮され，筋肉中に蓄積される乳酸の分解を促すクエン酸や，疲労回復のエネルギー源であるブドウ糖やショ糖を含んでいる。各種アミノ酸（最近は，筋肉で分解してエネルギーとして使える分岐鎖アミノ酸［ロイシン，イソロイシン，バリン］が添加されている）やビタミン類を添加したものもある。ただし，その効用については不確かな水もある。健康によい水の定義は難しく，逆説的にいえば病原体など体に悪い物質を含まない安全な水が健康によい水といえる。

4 食品の水—料理の味も水次第—

　料理のおいしさは調理の際の水加減に影響されるが，水質も食材や料理法と関連して味に密接に関係している（**表 1.7**）。日本では，良質の軟水が容易に手に入るため，白米をはじめ食品の素材を生かした調理法が発達した。一方，水が硬水である中国やヨーロッパでは，米は水で直接炊くのではなく，油で炒めてから水を加えて煮る料理法が使われる。カルシウム分の多い水で炊飯するとパサパサの御飯になってしまうからである。煮物などの「だし」に使われる昆布や鰹節は，硬水では含まれるカルシウムやマグネシウムとうまみ成分であるアミノ酸（昆布のうまみ成分はグルタミン酸。鰹節のうまみ成分はイノシン酸）が結合してしまい，おいしい「だし」が取れない。グルタミン酸とイノシン酸の微妙な配合からなる食材本来の味を生かす和風だし（味溶出型のだし）は軟水に適している。緑茶の渋み成分は，カルシウムやマグネシウと結合して

表 1.7　水の硬度と料理の適合性―軟水に向いている料理，硬水に向いている料理―
（水の硬度が低い日本の料理の特徴は，昆布と鰹節のだしを使った淡白な味）

硬　度	飲　料	調　理　例	健康増進例
～100	緑茶	和風ダシ（椎茸，ホタテ，かつお，昆布） 炊飯（炊き干し法） 鍋もの（水炊き） しゃぶしゃぶ	大量飲用可
100～400	発酵茶： 　ウーロン茶， 　紅茶，その他 コーヒー	洋風ダシ（スープストック） ゆで飯（湯取り法，湯炊き法） 蒸し飯（せいろう法）	食中飲用
400～			ミネラル補給 ダイエット 便秘解消　など

カルシウム分がかなり多い水で炊飯すると，パサパサのご飯になってしまうようである

（松井，「水の不思議　Part II」，日刊工業新聞社（2003）より作成）

その働きを失ってしまう。水の硬度が高いヨーロッパや中国で多く用いられる「スープストック」（肉や骨などに香味野菜や香辛料などを加えて煮込んで作るだし）や「湯（タン）」は，牛や豚の骨や筋肉組織に含まれるコラーゲン（不溶性の高タンパク質）を長時間の加熱によりゼラチン（可溶性のタンパク質）にして，硬水中に含まれるカルシウムやマグネシウムと結合してそれらを「あく」として取り除くことにより（カルシウムとマグネシウムを除去することにより硬水を軟水に変える。軟水より少し硬度が高いほうが「あく」は取りやすい）作られる。洋風だし（あく凝集除去型のだし）は硬水に適している。国によって，そこの水が硬水か軟水の違いに適応した料理方法が確立されたのである。

4-1　食品に含まれている水の働き

食品に含まれる水分量は食品の腐敗や品質変化に関係する。食品中の水には，食品成分と水素結合により水和している結合水と，結合していない自由水がある。結合水は一般に蒸発し難くかつ氷結し難い性質を持っており，溶媒としての機能も低いために微生物に利用され難い。通常の水と同じ性質を持ち，比較

的自由に動ける自由水は微生物が利用できる水である。水（自由水）分量を表す指標として，食品の（相対湿度［％値］）/100 で定義される水分活性値が使われる。

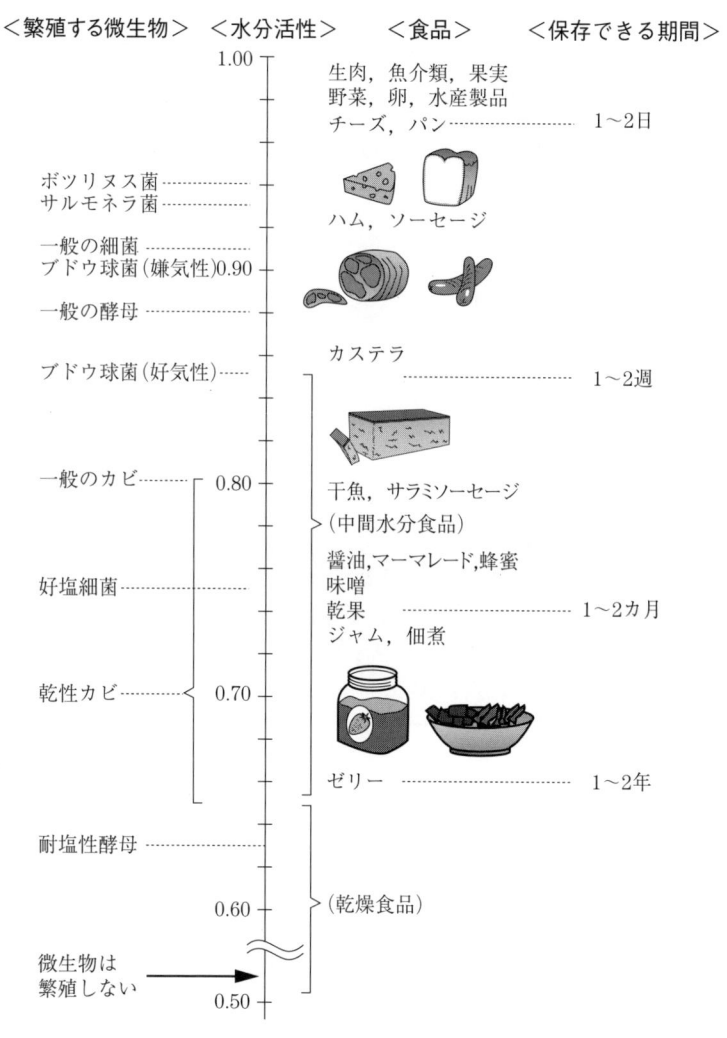

<繁殖する微生物> 　<水分活性> 　　<食品> 　　　<保存できる期間>

水分活性	繁殖する微生物	食品	保存できる期間
1.00		生肉，魚介類，果実，野菜，卵，水産製品，チーズ，パン	1〜2日
	ボツリヌス菌 サルモネラ菌	ハム，ソーセージ	
0.90	一般の細菌 ブドウ球菌（嫌気性） 一般の酵母		
	ブドウ球菌（好気性）	カステラ	1〜2週
0.80	一般のカビ	干魚，サラミソーセージ（中間水分食品）	
	好塩細菌	醤油，マーマレード，蜂蜜，味噌，乾果 ジャム，佃煮	1〜2カ月
0.70	乾性カビ	ゼリー	1〜2年
	耐塩性酵母		
0.60		（乾燥食品）	
0.50	微生物は繁殖しない		

図1.14　食品の保存可能な期間に対する水分量の影響
（海老原，大槻（編），古場（著），「食品加工学」，講談社（1999）より作成）

図 1.14 からわかるように，食品は水分活性が高い（含まれる水分量が多い）ほど腐敗しやすい．食品に食塩や砂糖などの水和物質を加えるなどして，水分活性を下げて（自由水を結合水にする）長期の貯蔵でも腐敗しにくい中間水分食品（ジャム，佃煮など）が作られる．食品の変質は水分活性が低いほど起こり難いが，乾燥により水分活性が下がりすぎると脂質の自動酸化が起こりやすくなるので，適度な水分は残しておく必要がある（図 1.15）．

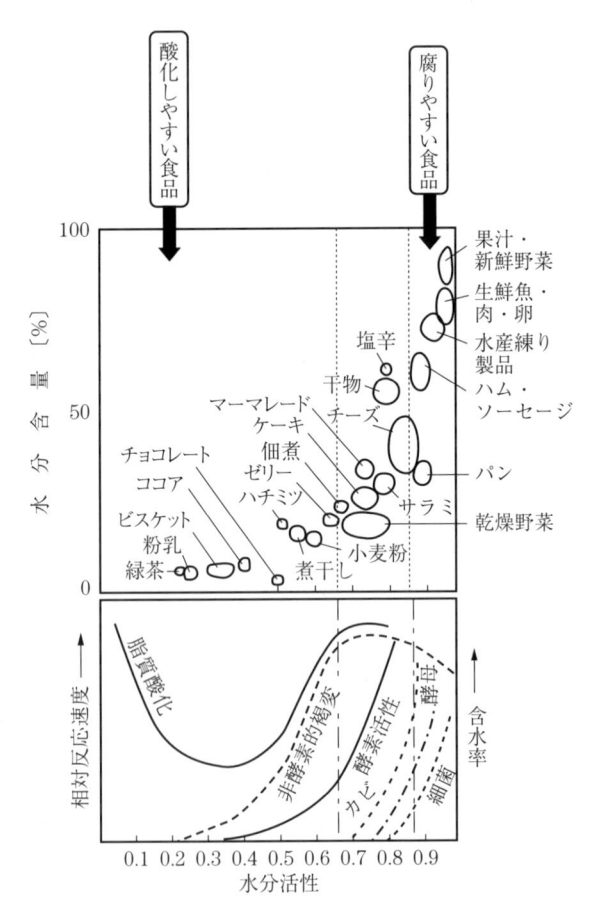

図 1.15 食品の変質と水分活性（自由水の量）の関係—野菜や果物の水分含量は 90%—
（三浦，木村（監），「食品保蔵・流通技術ハンドブック」，建帛社（2006）より作成）

4-2 電子レンジによる調理も水のおかげ—摩擦熱で食品を直接温める—

　電子レンジ（図1.16）を使うと，容器を熱くしないで中の食品だけを温めることができる。レンジ内ではマイクロ波が放出され，食品中に含まれる水が激しい分子振動を起こすため，熱を加えなくても食品が温められるのである。

　電子レンジのマグネトロン（発振器）で発生されるマイクロ波は，1秒間に

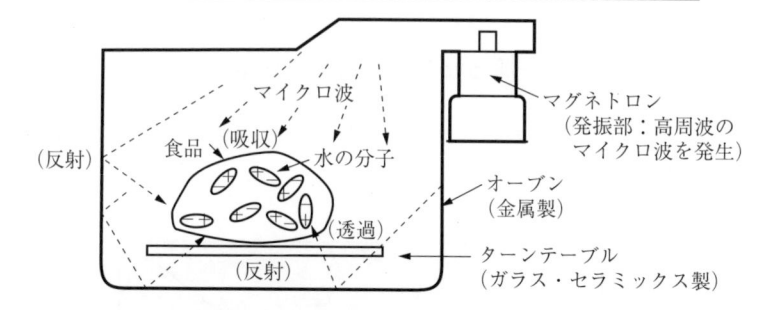

> 電子レンジは，食品に含まれている水の分子を振動させ，それにより起こる水分子どうしの摩擦による熱を利用して温めたり焼いたりする

（反射）　マイクロ波　食品　（吸収）　水の分子　（透過）　（反射）

マグネトロン（発振部：高周波のマイクロ波を発生）
オーブン（金属製）
ターンテーブル（ガラス・セラミックス製）

> 2,450メガヘルツ（MHz）のマイクロ波によって，極性分子である水分子を振動させ，熱を加えないで熱くする。非極性分子は分子振動しないため温めることができない

(a) 電子レンジの内部

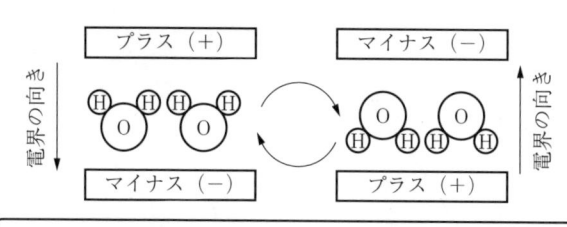

プラス（＋）　マイナス（－）
電界の向き
マイナス（－）　プラス（＋）

> マイクロ波により電界を入れ替える（1秒間に24億5,000万回）。分子の回転運動で摩擦し合って熱を出し，食品が温まる

(b) 電子レンジの原理は水分子の高速回転

図1.16　電子レンジの構造（マイクロ波が水分子の摩擦を起こす）

24億5,000万回, 電界のプラスとマイナスの向きが入れ替わる (周波数が2,450 MHz)。マイクロ波はオーブン部内側の金属（ステンレス）にあたると反射するので, これにより電子レンジ内では反射して中の物質に有効に照射される。しかし, マイクロ波はガラスや陶器にあたると透過するが, 食品のように水分を含む材料にあたると吸収されて発熱する。水は極性分子なので, プラス・マイナスの極を持っていて, マイクロ波によって分子が振動し（図1.16(b)）, 摩擦熱を発生し, 食品の内部から発熱する（誘電加熱）。そのために, 電子レンジで御飯を温めると茶碗は熱くならずに中の御飯だけが温まる。なお, 加熱したとき茶碗が多少熱くなるのは, 内部の食品が温められその熱が茶碗に伝導するためである。

4-3　フリーズドライ―凍らせてから乾燥させる―

　フリーズドライ（凍結乾燥法）は, 新鮮な食品を栄養分, ビタミン, ミネラル, 香りを損なわずに乾燥させる食品乾燥技術である。圧力が低くなると沸点

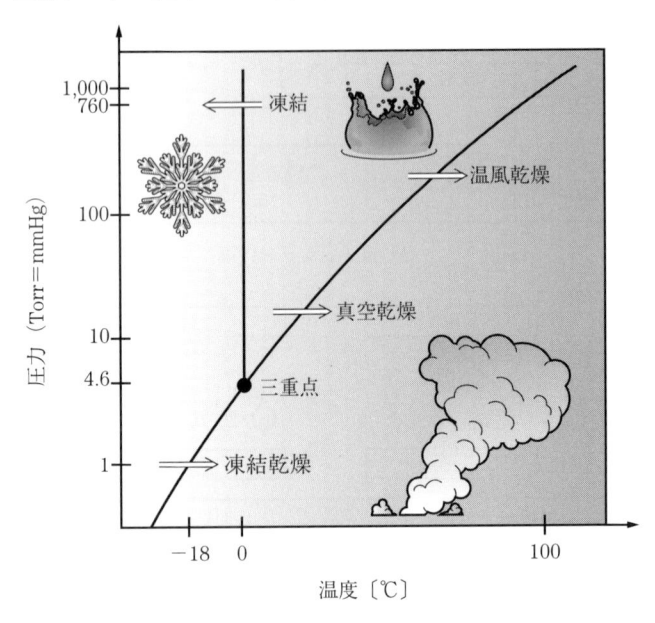

図1.17　フリーズドライ（凍結乾燥）の相図―水分の昇華で乾燥―

が下がるという水の特性を利用している。食品を−30〜−40℃で急速に凍結させ，次に1/1,000気圧以下の真空状態で少しの熱を加えると，凍った食品の水分（氷）は一気に水蒸気になり，水分が食品から抜けることにより乾燥させることができる（図1.17）。真空に近い状態では，水の沸点と融点は0.01℃程度しか違わないため，一気に水の昇華（固体→気体）が起こるのである（第2章2を参照）。この乾燥法が優れているのは，お湯を注げばすぐに元のみずみずしい状態に戻る点である。食品の水分が入っていった空間が，通常の温熱乾燥と異なり収縮せずにそのまま水分があったときと同じように確保されて多孔質になっているため，復元性・溶解性がよいのである。宇宙食にも使われている。

第2章

水は特殊な液体
―水の構造と性質―

第2章 水は特殊な液体

　この章では，いろいろな方法で活性化される水の構造と性質について科学的観点からわかりやすく解説する。

　水については，昔から「ニセ科学」といわれるあやしい話が数多くあり注意が必要である。いろいろな方法で活性化された機能水，おいしい水，不思議な水の特性は科学的に説明されなければならない。科学的根拠の示されない機能水は，単なる不思議な実証されていない水でしかない。この章では，水の基本的性質について解説する。

1 水分子の構造—極性を持つ構造—

　水の分子（H_2O）は1個の酸素原子（O：原子量16）と2個の水素原子（H：原子量1）が結合している3原子分子（分子量：18）である。図2.1に示すように，104.5°の角度で2つの水素原子が酸素原子に結合している。酸素原子を挟んで左右に対称に直線状（この場合，酸素を挟んだ2つの水素原子の角度は180°になる）に並んで水素原子が結合しているのではない。図2.1

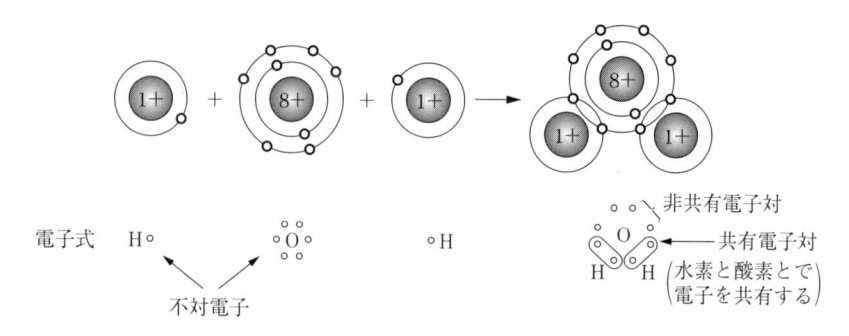

電子式

不対電子

非共有電子対
共有電子対
（水素と酸素とで電子を共有する）

不対電子を出し合い，共有電子対を作ることによりできる結合を共有結合という。酸素は最外殻の電子が2つ不足しており，それを水素原子で補うように共有している

(a) 水分子の結合（共有結合）

図2.1　水分子（H_2O）の構造—直線的に結合していない分子—（その1）

1 水分子の構造

非結合電子対

酸素原子

プロトン

（四面体構造）

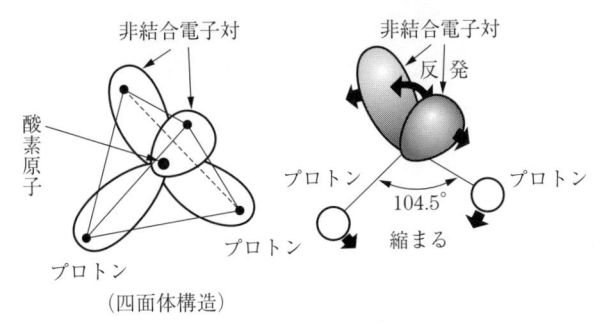

（プロトン（陽子）はH原子からe^-が取れたものでもある）

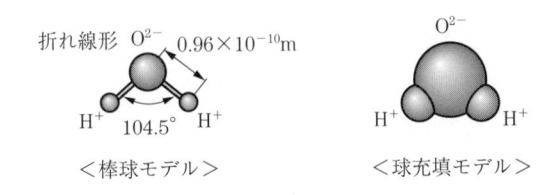

非結合電子対　反発

プロトン　104.5°　プロトン

縮まる

折れ線形　O^{2-}　0.96×10^{-10} m

H^+　104.5°　H^+

＜棒球モデル＞

O^{2-}

H^+　　H^+

＜球充填モデル＞

(b) 水分子の構造と分子模型（直線状に並んでいない）

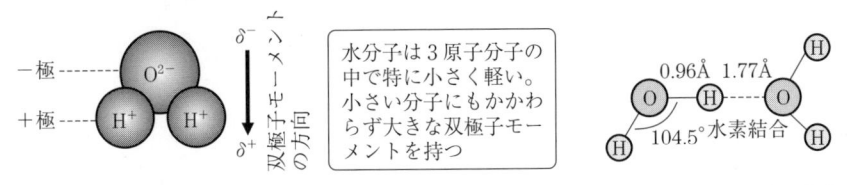

δ^-

O^{2-}

H^+　H^+

－極

＋極

δ^+

双極子モーメントの方向

水分子は3原子分子の中で特に小さく軽い。小さい分子にもかかわらず大きな双極子モーメントを持つ

0.96Å　1.77Å

H　　　　　　H
　O ─ H ……… O
H　　　　　　H
　104.5°　水素結合

(c) 水分子の極性
（δは微少な電気量）

(d) 水分子同士の水素結合

水素原子のマイナスの電荷を持つ電子が大きな酸素原子に引き寄せられ，酸素原子がマイナス極にそして水素原子がプラス極になる（電荷の偏り）。これが極性である。1つの分子中にプラス極とマイナス極を持つのが双極子分子である

図2.1　水分子（H_2O）の構造—直線的に結合していない分子 —（その2）
（鈴木，「水の話・十講」，化学同人（1997）より作成）

(b) にその説明の図を示した。電子対間の静電気的な反発力を考えると，水分子の構造は4対の電子対が最も遠ざかる形である四面体構造が考えられる。その2つの頂点はプロトン（水素の原子核）が占め，残りの2つの頂点は2対

の非結合電子対が占める。非結合電子対同士の反発力は結合電子対同士の反発より強いため、O–H結合対を追いやり、その結果H–O–Hの結合角が正四面体の109.3°より小さい104.5°になると考えられている。

　水分子としては電荷のない中性分子ではあるが、この構造により水分子はプラス電荷とマイナス電荷に偏りができ（酸素原子と水素原子の結合に関係する電子の分布が酸素原子側に少し偏る）、極性を持った（プラス電荷の重心とマイナス電荷の重心が一致しない）分子となり、双極子モーメント（電荷の電気量と電荷間距離の積であり、分子や結合の極性の大きさを表す指標。水の双極子モーメントは6.13〜6.47 Cm［クーロンメーター］で、小さい分子であるにもかかわらず、大きな双極子モーメントを持つ）を持っている。つまり、水分子の酸素原子と水素原子は共有結合（2個の原子がそれぞれの価電子［不対電子］を1個ずつ出し合って電子対を作り、この電子対が2個の原子に共有されることによってできる結合。H_2Oはその代表的な例である）をしているが、酸素原子の電気陰性度（結合において原子が電子を引き付ける強さ）のほうが水素原子より大きいため、電子は酸素原子側に引き付けられ、酸素原子がマイナスの電荷、水素原子がプラスの電荷を持つのである。それゆえ、水分子が2つ存在すると、互いは静電気的相互作用および水素結合（電気陰性度の大きい原子に結合した水素原子は、電子が水素から電気陰性度の大きい原子のほうに引き寄せられ電子密度が小さい状態になってわずかに正の電荷を帯びる。この水素原子が他の分子の負の電荷を帯びた原子と静電気的に引き合ってできる結合が水素結合）により引き付け合う。

　水素結合は極性分子間に働く静電気力やファンデルワールス力（電荷的に中性で双極子モーメントがない無極性な分子であっても、分子内の電子分布は、瞬間的には非対称な分布となる場合があり、これによって生じる双極子モーメントが、同様にしてできた周りの分子の電気双極子同士と相互作用することによる分子間力）より大きいが共有結合ほど強くない。この水素結合により、液体の水は水分子が1分子の状態で存在するのではなく、水分子が互いに結合したクラスター（会合体）を形成する（図2.2）。水分子が極性分子で、かつ双極子モーメントを持つことにより、水分子中のマイナス電荷を持つ酸素原子と、

2　水の状態　45

水はいくつもの水分子が寄り集まった大きな分子量の物質といえる

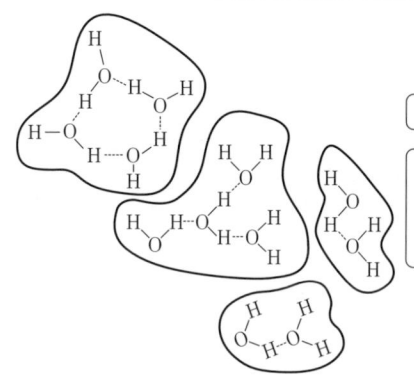

破線は水素結合を表す

水分子間の水素結合によりクラスターを形成する。絶えず切断・結合を繰り返しており，クラスターの大きさは絶えず変化している。クラスターの状態については定説はない

分子どうしが接近すると，弱く引き合う引力が分子間に働く。一般には分子間にはファンデルワールス力が働くが，水分子どうしではファンデルワールス力よりはるかに強い引力である水素結合により結び付いている

図 2.2　液体の水分子のクラスター ―水は分子の集合体―

プラス電荷を持つ隣の水分子の水素原子との間にクーロン力（陽イオンと陰イオンとの間に働く静電気力）が働き，水素結合する。液体の水は水分子が水素結合により集合した $(H_2O)_n$ のような"かたまり"であるクラスターを形成していると考えると，後述する水が示す特殊な性質がうまく説明できる。ただし，クラスターの状態と構造についてはまだ解明されておらず，いろいろな説がある。そのこともあり，機能水の特性の原理として水分子のクラスターの状態がとかく持ち出される。

2　水の状態―通常の温度と圧力で固体，液体そして気体にもなるめずらしい物質―

　水は液体，固体，気体と 3 つの状態になる。通常の気圧である 1 気圧においては，0〜100℃ では液体として存在し，0℃ 以下に冷やされたときに氷という

46　第2章　水は特殊な液体

純粋な物質の相状態は温度と圧力が指定されれば定まる

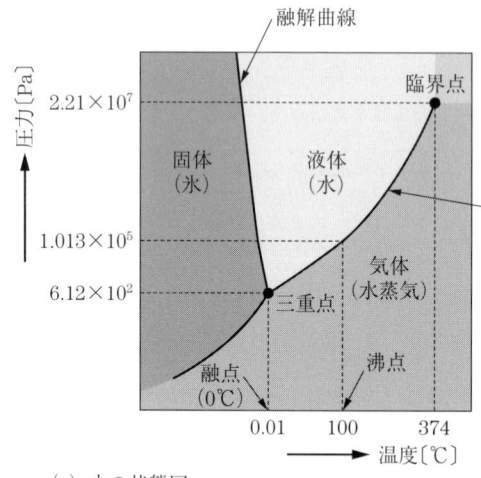

昇華の温度は圧力の増加により上昇する
融解の温度は圧力の増加により低下する
気化の温度は圧力の増加により上昇する

三重点：固体・液体・気体が平衡状態で共存する点
臨界点：臨界点を超えると、物質は超臨界状態になり、液体であり気体でもある状態となる

(a) 水の状態図
（沸点と融点は$1.013×10^5$Paにおける値）

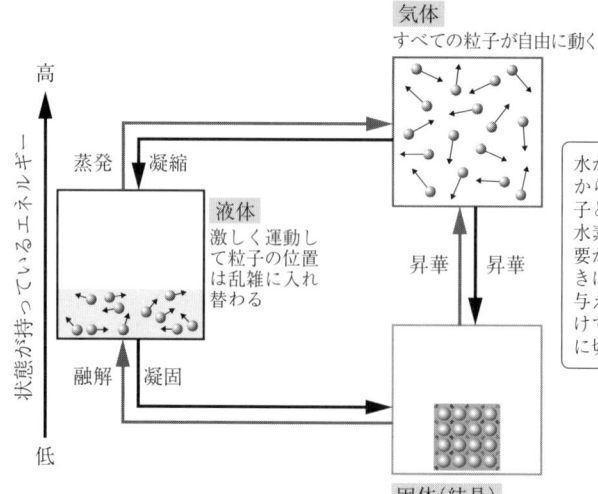

水が気化するときには外界からエネルギーを与え水分子どうしを結び付けている水素結合を切断してやる必要がある。氷を融解するときは外界からエネルギーを与え水分子どうしを結び付けている水素結合を部分的に切断してやる必要がある

気体：すべての粒子が自由に動く
液体：激しく運動して粒子の位置は乱雑に入れ替わる
固体（結晶）：細かく振動しているが、粒子の位置は一定

(b) 水の三態（相の変化）における分子の状態

図2.3　水の状態図—常温常圧で3つの相状態が見られる物質はめずらしい—

固体になる。逆に水に熱を加えた場合，100℃で沸騰して気体となる。3つの状態は，水分子の集合状態の違いである。図2.3は水の状態図である。

　液体の状態では，水分子は熱運動で絶えず位置を変え，分子の配列に規則性はない。水の基本構造として後述の氷の結晶（I_h構造）と同じ四面体配位であり，隙間の多い構造を作っていることがわかっている。液体の水は，水素結合によるネットワーク構造を持った（クラスターを形成した）水分子の集合体である。ただし，ネットワーク構造は固定しているのではなく，切れたり，移動したり変化している。クラスターの大きさと健康によい水あるいはおいしい水との関連がさかんにいわれている。「水は何らかの微弱なエネルギーを受けると，クラスターが小さくなり，細胞に浸透しやすくなり，健康によく，植物の成長を促進したり，味がよくなったりする」と不思議な水の根拠によく使われる。しかし，クラスターは数百億分の1秒という非常に短い時間でたえず変化しているので，小さいクラスターが安定的に存在するのかは不明であり，水の特性の変化とクラスターの関連性は今のところ明らかではない。

　氷の結晶は六方晶系に属し，酸素原子は約275 pmの距離にある4個の酸素原子によって四面体を形成するように囲まれていて，各水分子と隣接の水分子間は水素結合によって結ばれている（図2.4）。

　比較的簡単な分子（窒素 N_2，酸素 O_2，メタン CH_4 など）が結晶となる場合，その構造は面心立方格子（立方体の各頂点と各面の中心に分子が配列する結晶格子。結晶格子において，1個の粒子を取り巻く最近接粒子の数を配位数といい，面心立体格子の配位数は12である）となり1つの分子は他の分子12個に取り囲まれる。しかし，水素結合する水の場合はそのような構造にはならず，図2.4に示すように四面体構造で4個に取り囲まれており，配位数は面心立方格子の1/3である。このため，氷の構造は隙間が多く密度が小さい。前述したように，液体の水の構造は近距離内では氷と同じ四面体であるが，最近接分子の数は4.4で固体の氷の4より大きい。つまり水のほうが氷より密度が大きいのである。

　一般には，圧力をかけると固体の融点（融けて液体になる温度）は上がるが，氷は圧力をかけると融点が下がり，溶解して水になる（図2.3(a)の水の状態

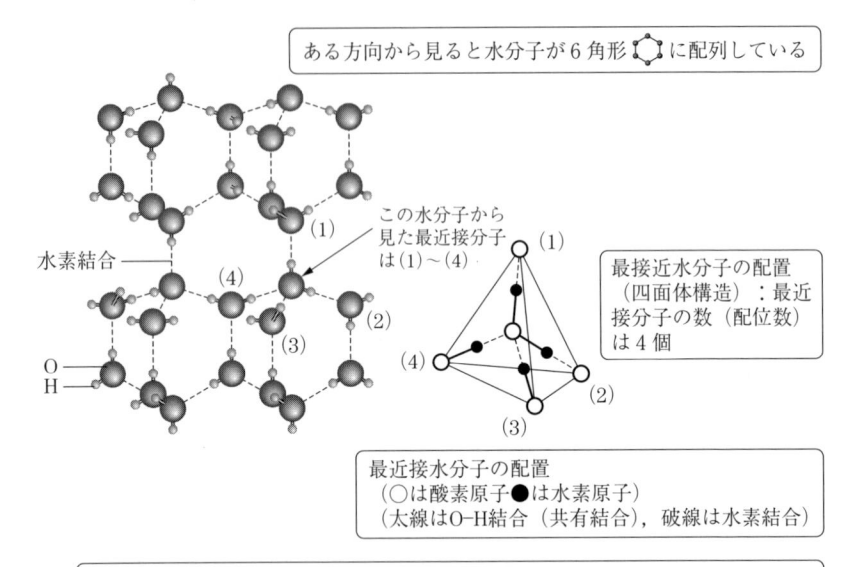

ある方向から見ると水分子が 6 角形 ⬡ に配列している

水素結合

O
H

この水分子から見た最近接分子は (1)〜(4)

最接近水分子の配置（四面体構造）：最近接分子の数（配位数）は 4 個

最近接水分子の配置
（○ は酸素原子 ● は水素原子）
（太線は O-H 結合（共有結合），破線は水素結合）

水分子は隣接する複数の水分子と水素結合により結合している。個々の水分子は自由に動くことはできず，ハチの巣のように整然と配列している

図 2.4　氷の構造（常圧における氷（I_h）の構造）
(鈴木,「水の話・十講」, 化学同人 (1997) より作成)

図において固体と液体の境界線が少し右下がりになっていること）。

　なお，常温でも高圧をかければ氷ができるが，通常の氷とは異なる結晶形となる。

　3 相が共存する点は三重点と呼ばれ，水の三重点の温度は 273.16 K（0.01℃），圧力は 612 Pa（0.006 気圧）である。

3 水の特性―水は特徴的な性質を多く持った不思議な物質である（図2.5）―

3-1 水は氷になって体積を増やす―4℃の不思議―

　水の温度を下げてゆくと，図2.6に示すように密度が上昇し，4℃でピークに達し（そのときの密度は1,000.0 kg/m^3），さらに温度を下げると密度は低下し，0℃で固体の氷になって密度が急減し（0℃における密度は液体が999.9 kg/m^3，固体が917.0 kg/m^3），その後は温度の低下にともない次第に増加する。通常の液体では，温度が下がるに従い密度は増加し，液体から固体になれば，さらに密度は大きくなる。ほかのほとんどの液体が固体になったときに体積を減らすのに対して，水は固体の氷となったとき，体積を増やすのである。この水と氷の性質から，氷は水に浮くことができるのである。

　もしこの氷が水に浮くという性質がなく，南極の氷や氷山，流氷などがすべて沈んでいたら，海面の水位は上昇してしまい生物は死滅していたと考えられ

蒸発熱（気化熱）と融解熱が大きい
水は蒸発し難く凍結し難くい。エネルギー媒体として使う

溶解能力が大きい
物質をよく溶かす。輸送媒体として使う

比熱（熱容量）が大きい
暖まると冷め難い。エネルギー媒体として使う

不溶性物質を分散させる
水に溶けない物質を水に分散させてエマルションを作る

水の密度の最大値は4℃で氷が水に浮く

表面張力が大きい
血液が体のすみまで行き渡る（毛管現象）

特殊な状態（臨界状態）
液体と気体の性質をあわせ持つ

沸点と融点が高い
常温常圧で気体，液体，固体として存在できる。エネルギー媒体として使う

図2.5　水が持っている特異な性質―かけがえのない水の特性―

50　第2章　水は特殊な液体

極大 (4℃) における密度 1,000.0

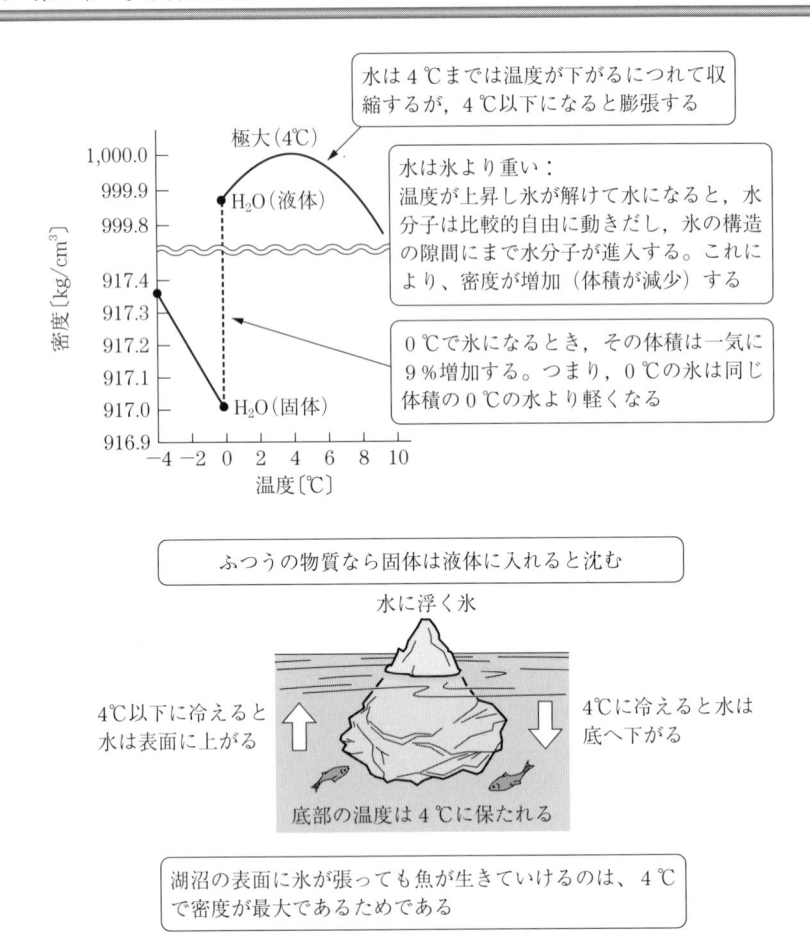

- 水は4℃までは温度が下がるにつれて収縮するが、4℃以下になると膨張する
- 水は氷より重い：温度が上昇し氷が解けて水になると、水分子は比較的自由に動きだし、氷の構造の隙間にまで水分子が進入する。これにより、密度が増加（体積が減少）する
- 0℃で氷になるとき、その体積は一気に9％増加する。つまり、0℃の氷は同じ体積の0℃の水より軽くなる

密度 [kg/cm³]
- 1,000.0
- 999.9　H₂O（液体）
- 999.8
- 917.4
- 917.3
- 917.2
- 917.1
- 917.0　H₂O（固体）
- 916.9

温度 [℃]：−4 −2 0 2 4 6 8 10

- ふつうの物質なら固体は液体に入れると沈む
- 水に浮く氷
- 4℃以下に冷えると水は表面に上がる
- 4℃に冷えると水は底へ下がる
- 底部の温度は4℃に保たれる
- 湖沼の表面に氷が張っても魚が生きていけるのは、4℃で密度が最大であるためである

図2.6　水と氷の密度（1気圧）—凍って体積が増える。4℃で水は最も重い—

ている。4℃以上において、冬に湖沼などで外気温が下がってくると、湖沼表面の水温が低下し、それにともない湖沼表面層の水の密度が上昇しその結果、表層の水は底部に向かって降下する。それにともない下層の冷えていない水が表面に上昇してくる。湖沼表面の温度が4℃以下の場合、水の密度は小さくなるので水は底部に向かって降下しない。その結果、湖沼の底部は4℃に保たれる。たとえ表層が氷に覆われても底部まで凍ることはなく、魚は寒い冬でも生息できるのである。

3-2 水の融点と沸点は一般の物質に比べて異常に高い―大きな熱を奪う水―

水は通常100℃で沸騰するが，水素結合していない酸素と同族元素（16族元素：最外殻の電子が6個の元素）の水素化合物に比べて異常に高い。水は水素化合物の一種であるが，水以外の水素化合物ではほとんどが0℃以下で沸騰し，常温では気体である。一般に，周期律表における同族列では，類似の化合物の物理的性質は結合する原子の原子番号の大小に応じて変化することが知られている。しかし，図2.7に示すように，酸素と同族元素の水素化合物である

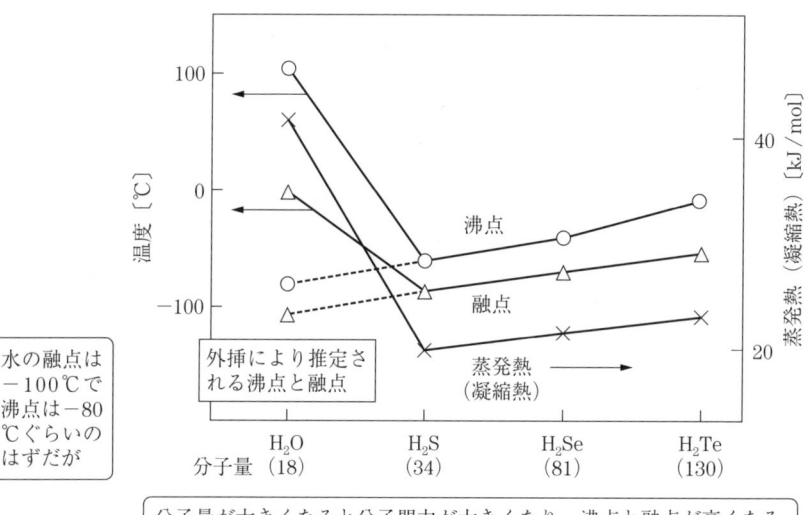

水の融点は
−100℃で
沸点は−80
℃ぐらいの
はずだが

外挿により推定される沸点と融点

分子量が大きくなると分子間力が大きくなり，沸点と融点が高くなる

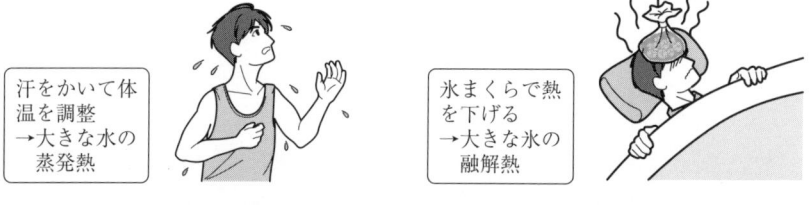

汗をかいて体温を調整
→大きな水の蒸発熱

氷まくらで熱を下げる
→大きな氷の融解熱

図2.7　酸素の同族元素（16族）の水素化合物の沸点，融点と蒸発熱（凝縮熱）
（1気圧における値）

H₂S（S：硫黄），H₂Se（Se：セレン），H₂Te（Te：テルル）（これらの分子にも電荷の偏り極性を持っているが，水分子に比べて小さい）の沸点と融点は分子量の増加に比例して高くなっている。この関係からすると，H_2O の沸点と融点はそれぞれ -80 ℃ と -110 ℃ ぐらいになるはずであるが，実際は 100 ℃ と 0 ℃ である。水分子間の水素結合を切断するためにより多くのエネルギーを必要とするため，水の沸点と融点が異状に高いのである。また，固体の融解あるいは液体の凝固（氷↔水）や液体の蒸発あるいは気体の凝縮（水↔水蒸気）に必要なエネルギーも大きな値である。図 2.7 に蒸発熱（凝縮熱）が示されているが，H_2O は 40.7 kJ/mol で H_2S，H_2Se，H_2Te に比べて大きい。これも，水分子間に水素結合が働いているからである。

水の沸点が高く，蒸発するときに多くの熱を奪う性質が，汗をかくことによって体温調節ができるという恩恵をもたらしている（第 1 章参照）。

氷の融解熱（水の凝固熱）は 1 気圧において 6.01 kJ/mol である。

3-3 水は比熱（熱容量）が高い―水は暖まり難く冷め難い―

水の比熱も同程度の分子量を持つ他の物質に比べて大きな値である（**表 2.1**）。比熱というのは，物質を熱するのに必要なエネルギーを表すもので，水の場合 1 g の水の温度を 1 ℃ 上げるのに必要なエネルギーは 4.2 J（1 cal＝4.2 J）である。他のほとんどの液体は半分以下の 1 J 程度である。水の場合，温度上昇は水素結合を切りながら行われるために，他の液体に比べてかなり大きな比熱を持つのである。比熱が高いということは，熱し難く冷め難いということであ

表 2.1 液体の定圧熱容量 （1 気圧における値）

液体	定圧熱容量〔J/K・g〕
水　H_2O	4.179
アセトン　$(CH_3)_2CO$	1.289
エタノール　C_2H_5OH	1.598
ギ酸　$HCOOH$	1.058
ベンゼン　C_6H_6	1.045

(久保田，「おもしろい水のはなし」，日刊工業新聞社 (1994) より作成)

図2.8　水が持っている大きな比熱と気候

り，たくさんの熱エネルギーを蓄えておきやすいということでもある。成人の体重の約60％は水であり，そのため急激な体温の変化を防ぐことができる（第1章1, 2参照）。

　地球上の気候においても，比熱の小さい砂や石が多い内陸部（特に砂漠地帯）では暖まりやすく冷えやすいために日中の暑さに比べ夜の冷え込みが厳しいが，海岸地域は比熱が大きい海水のおかげで暖まり難く，そして冷え難いため比較的気温が安定しているのである。このことは，海と陸との間で吹く海陸風の原因でもある（図2.8）。日中は，陸上の暖まりやすい地表付近の空気は暖められて上昇し気圧が下がり，そこへ海から風が吹き込む（海風）。上空では，海上のほうが相対的に気圧が低くなるため陸から海へ空気は移動する。夜間はこれと逆の向きに風が流れる（陸風）。季節風も原理は同じであり，比熱の大きい水が重要な働きをしている。

　大きな比熱や蒸発熱は，人間をはじめとした動物の体温調節や地球環境に，きわめて有用な働きをしているのである。

　水の比熱は温度が低下すると著しく大きくなる。

3-4　水の表面張力は大きい—体のすみずみまで血液が行き渡る—

　液体の水はできるだけ表面を小さくしようとする性質がある。それが表面張力である。液相内の分子は，平均すると周囲から均等に引力を受ける。しかし，

第2章 水は特殊な液体

〈表面張力の原理〉
- 水面
- 水分子
- 分子間引力

界面張力： 表面の分子は上の分子の引力がないので下のほうに引き込まれていく

- ガラス
- 毛管

表面張力が水を引き上げる

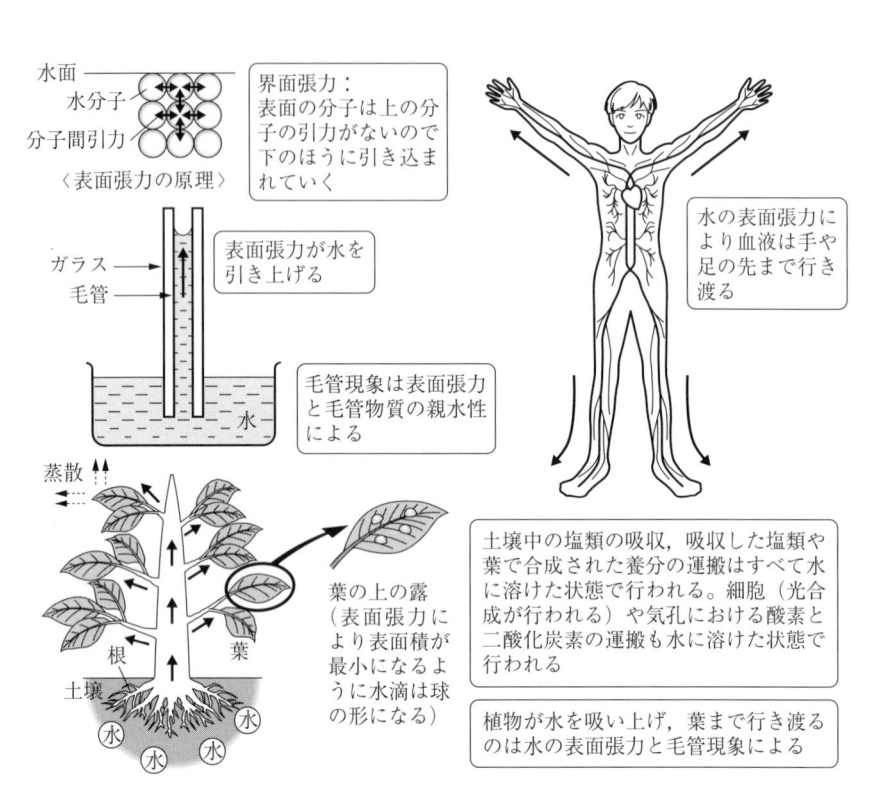

毛管現象は表面張力と毛管物質の親水性による

水の表面張力により血液は手や足の先まで行き渡る

- 蒸散
- 葉
- 根
- 土壌
- 水

葉の上の露（表面張力により表面積が最小になるように水滴は球の形になる）

土壌中の塩類の吸収，吸収した塩類や葉で合成された養分の運搬はすべて水に溶けた状態で行われる。細胞（光合成が行われる）や気孔における酸素と二酸化炭素の運搬も水に溶けた状態で行われる

植物が水を吸い上げ，葉まで行き渡るのは水の表面張力と毛管現象による

図2.9　表面張力と毛管現象

表2.2　液体の表面張力

液体	表面張力 ×10³ N/m （20℃）
水	72.75
アセトン	23.32
エタノール	22.27
ギ酸	37.58
ベンゼン	28.86

（久保田，「おもしろい水のはなし」，日刊工業新聞社(1994) より作成）

液相表面にある分子は液相内部から引力を受けるが，気相からは分子がまばらなためほとんど引力を受けない。その結果，内側に引っ張られ表面積が小さい状態をとろうとする（図2.9）。

表2.2に液体の表面張力の値を示したが，水の表面張力は72.75×10^{-3}N/mでほかの液体に比べてかなり大きい。表面張力が大きいということは，分子間の引力が大きいことを表している。水の大きな表面張力は水素結合により分子間引力が大きいためである。水の表面張力が大きいことが，われわれの体のすみずみにまで血液を行き渡らせる。また，高い樹木の先端まで水が到達するのも大きな表面張力による。

せっけんや合成洗剤は少し水に溶けただけで水の表面張力を大きく低下させる。このような界面活性剤が溶けた水は表面張力が低下することにより，汚れた布の中に浸透しやすくなり洗濯効果が上がるのである（後出図2.13参照）。

3-5　水の粘度は温度が高くなると減少する─流体の流れやすさ─

粘度は流体の動的性質（流れやすさ）を表す物性である。粘度が大きいと流れ難い。水は小さな分子にもかかわらず水素結合による強い引力が働くため粘度が大きい。水の粘度は温度の上昇により小さくなる（流れやすくなる）。しかし，温度と圧力に対する粘度の変化は単純ではない。粘度は加圧により低下するがさらに高い圧力（50 MPa程度以上）では逆に増加する。高圧において粘度が低下する性質は，消防の放水，ウォータージェット（第3章2.9）による固体の研磨や切断などに有効利用されている。

3-6　水は物質を溶かしやすい─物質を溶かして輸送する─

水の重要な働きは，溶解力によるものである。この溶解力によって，同じ水でも，地球上のいろいろな場所にある水がそれぞれに性質も成分も異なった水になる。

水は非常に物質を溶かしやすい液体である。物質が水に溶けるという現象は，物質である溶質（液体に溶けている物質）分子あるいはイオン（電子を失ったり得たりすることにより電荷を持った原子や原子団［原子の集合体］のこと。

正の電荷を持つイオンを陽イオン［たとえば，Na^+，Al_3^+，NH_4^+］，負の電荷を持つイオンを陰イオン［たとえば，Cl^-，O^{2-}，OH^-］という）が水（溶媒［物質を溶かす液体］）と混じり合い均一な混合物になることである。そのためには，溶質分子（あるいはイオン）がばらばらになり水分子の中に溶け込まなければならない。つまり，水分子のネットワークの中に溶質分子（あるいはイオン）が入り込まなければならない。それゆえ，溶質分子間の相互作用が弱く，溶質分子と水分子間の相互作用が強いほうが溶けやすい。水は極性分子であるため，極性（親水性）物質は溶けやすく，無極性（疎水性）物質は溶け難い。水と溶質との相互作用を水和と呼ぶ。水和における水と溶質の相互作用は，静電的相互作用，水素結合，ファンデルワールス力などである。水溶液の溶質は**表2.3**のように分類できる。

電解質の溶解では静電的相互作用が重要であり，水が大きな誘電率（電荷間の静電気による引力あるいは斥力が媒体によりどの程度弱まるかを表す。普通，真空中の値を1とした相対値で表される）と双極子モーメントを持つために溶けやすい。無機塩類をよく溶解するのは，水分子がイオンと結合して水和イオンを形成するためである。陽イオンと陰イオンが静電気的相互作用によって強く結合している場合も，水の中では容易に解離する。イオン半径が小さく，電荷が大きいイオンほど水分子と強く相互作用する。陽イオンに対しては水分子のマイナスの電荷を持つ酸素分子側が向き，そして陰イオンに対しては逆にプラスの電荷を持つ水素分子側が向くようにイオンの周囲に密に水分子が配列す

表2.3 水に対する溶質の分類（溶質と水の相互関係）

溶　　質	例
親水性物質	
（a）電解質	塩化ナトリウム（NaCl）などの塩，塩酸（HCl）や酢酸（CH_3COOH）などの酸
（b）非電解質	—O—，—OH，>C=O などの官能器を持つ糖，アルコール，アセトン（$CH_3)_2CO$ など
疎水性物質	メタンなどの炭化水素，アルゴン（Ar）などの不活性気体
両親媒性物質	セッケン，合成洗剤，タンパク質，核酸，糖，リン脂質など

（鈴木，「水の話・十講」，化学同人（1997）より作成）

3 水の特性　57

一番外側の軌道の電子1つが飛び出す　　一番外側の軌道に電子1つをもらう

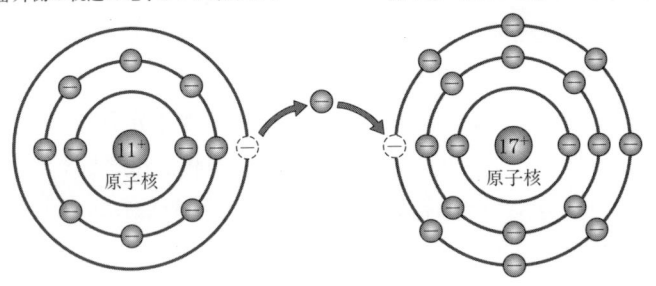

ナトリウム原子は，電子を1つ出してナトリウムイオンになる

塩素原子は，電子1つもらって，塩化物（塩素）イオンになる

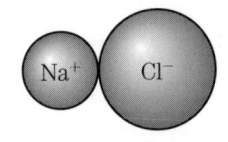

ナトリウムイオンは陽イオン，塩化物イオンは陰イオンで電気的な引力で引き合う

(a) 塩化ナトリウム（電解質物質）イオンの結合

水に気体やその他の物質が溶け込むのは，物質が水の隙間に潜り込むこと

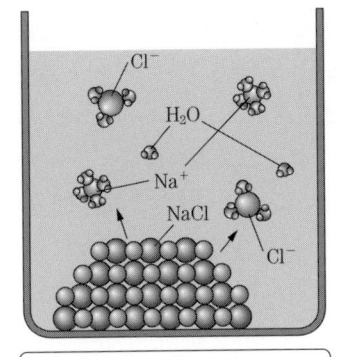

Na^+とCl^-に水分子のマイナス極とプラス極（図2.1(c)を参照）がそれぞれ静電気的引力により結び付き，$Na^+ \cdot nH_2O$と$Cl^- \cdot nH_2O$のような形で水が付加した水和の状態になる。陽イオンの周りには水の双極子のマイナス側（酸素側）が配向し，陰イオンの周りには水のプラス側（水素側）が配向する。イオンの近くの水分子は水分子の双極子モーメントが安定になるように向きを変えて配向する

Na^+に水和する平均の水の分子数（平均水和数）は5

結晶の表面のNa^+やCl^-は，水和によって水の中へ引き込まれ，結晶格子はくずれていく

(b) イオンの水和

図 2.10　電解質（親水性物質）の溶解の過程（塩化ナトリウム NaCl の溶解）
　　　　　—水中の無機イオンは水分子に囲まれて水和されている—

る。塩化ナトリウムの結晶の溶解を例にして説明する（図2.10）。

塩化ナトリウムの結晶を水に入れると，結晶の表面にあるNa^+には水分子の$O^{\delta-}$原子が，Cl^-には水分子の$H^{\delta+}$原子が静電気力により引き付けられる（δは微少な電気量を表す）。このようにして，溶質粒子が水分子により取り囲まれる（水和）。結晶表面にある多くのNa^+とCl^-が水和されるとイオン結晶を構成するクーロン力が弱められ結晶が崩れる。イオンは周囲にいくつもの水分子が取り巻いた安定な水和イオンとなり，熱運動により水中に拡散する。イオン—水双極子間相互作用により放射状に水分子は水和する。その相互作用はイオンの価数に比例し，イオン半径が大きいほど小さくなる。イオン水和は熱的に安定である。

水の誘電率は25℃で78.5であり普通の有機液体の約2に比べて非常に大きい。電解質を構成する陽イオンと陰イオンとの間に働くクーロン力が，水中では真空中に比べ1/78.5に小さくなるため水に溶解しやすくなるのである。

非電解質であるがアルコールなどの極性分子（メタノール，エタノールなど）もよく水に溶ける。水分子と水素結合を作る官能基（有機化合物の性質はその化合物中の基［原子団］の性質に支配される。その特有の性質を持っている基が官能基）OH基を持っているからである。水分子と水素結合を作ることのできる官能基には，-OH（ヒドロキシ基），>C＝O（カルボニル基），-NH_2（アミノ基），-COOH（カルボキシ基）などがある。アルコールのヒドロキシ基は水分子と水素結合して水とアルコールの緩やかな集合体（クラスター）を作ると考えられている。水分子が水素結合によって-OH基を取り囲み水和する（図2.11）。アルコール分子間の水素結合はしだいに切れてアルコールは水和分子の状態になり水中に拡散する。一方，疎水性の炭化水素基（たとえば，エタノールの-C_2H_5基。無極性で水和され難い）はこのクラスターの形成を妨げる。炭素数が多くなると疎水性が増して水に溶け難くなる。

ショ糖（スクロース）$C_{12}H_{22}O_{11}$やデンプン$(C_6H_{10}O_5)_n$などの糖の溶解は水素結合がおもな相互作用である。糖は分子内に多くのヒドロキシ基を持っており，これが水分子と水素結合することにより水和する。

メタンやエタンなどの炭化水素は疎水性物質で無極性でもあり，水には溶け

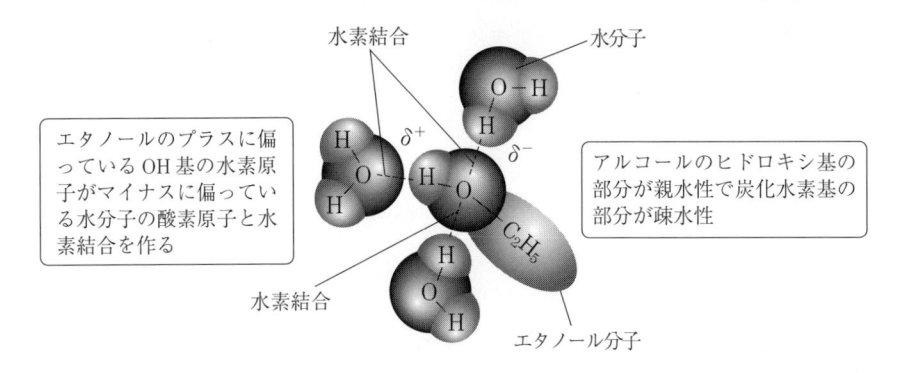

エタノールのプラスに偏っている OH 基の水素原子がマイナスに偏っている水分子の酸素原子と水素結合を作る

水素結合
水分子
水素結合
エタノール分子

アルコールのヒドロキシ基の部分が親水性で炭化水素基の部分が疎水性

エタノール C_2H_5OH やグルコース $C_6H_7O(OH)_5$ などは，水分子の OH と同様に極性を持つヒドロキシ基-OH を持つ．この OH 基部分が水分子と水素結合して水和した状態を作るため，電離しなくてもよく溶ける

図 2.11　非電解質（親水性物質）の溶解の過程（エタノールの溶解）
　　　　—アルコールも水に溶けやすい—

難い．極性を持たない物質は，水分子と水素結合を作れないため，水素結合でつながった水分子の集合体になかなか入り込めないのである．メタン（CH_4）などの疎水性気体が水に溶解する場合，クラスレート水和物と呼ばれる 3 次元のカゴ状の水和構造をとる（図 2.12）．水分子と中に閉じ込められた気体分子の間には弱いファンデルワールス力のみが作用しているため，気体分子は自由

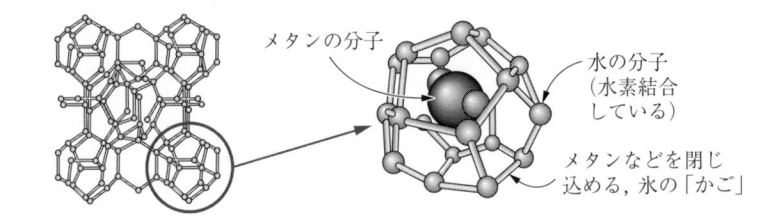

メタンの分子
水の分子
（水素結合している）
メタンなどを閉じ込める，氷の「かご」

水素結合した水分子が作るケージの空洞に分子（メタン）が閉じ込められている．ゲスト分子の大きさや形状はケージの構造によって規定される．永久凍土や深海の堆積物の中に存在し，エネルギー資源として注目されている

図 2.12　エネルギー資源と期待されているメタンハイドレートの構造
　　　　—メタン分子を取り囲んだ水—

（上田（監），「図解雑学 水の科学」，ナツメ社（2001）より作成）

に動ける。ゲスト分子の大きさがホスト分子が結合してできた3次元構造の空孔より大きすぎても両者間の引力が強すぎてもクラスレート化合物はできない。このメタンのクラスレート水和物であるメタンハイドレートは，エネルギー源として注目されている（第3章1.6参照）。メキシコ湾海底などに大量に埋蔵されていることがわかっているが，海底は温度が低く圧力が高いので，クラスレートが形成される。

　両親媒性物質は，分子内に親水性部分と疎水性部分の両方を持つ物質で，親水部分が優勢であれば水によく溶け，疎水性部分が優勢であれば水に溶けない。分子内に親水基と疎水基をあわせ持つ物質である界面活性剤（親水性部分の性質により，陰イオン性，陽イオン性，両性，非イオン性の4種類に分類される。合成洗剤はセッケン以外の合成された界面活性剤のことである）は，ある濃度以上で親水基を外側に，疎水基を内側に向けて会合し，ミセルと呼ばれる会合体を作る（図2.13）。ミセルの内部は親油性であるので，油を溶かすことができる。

　衣服の汚れは生地の表面に油などとともに薄い膜を作って付着している。水は極性分子であり無極性の油を溶かして取り除く能力は低い。しかし，洗剤の分子は無極性部分と極性部分を持っており，無極性（疎水性）部分は油に溶け込み，一方極性（親水性）部分は周囲の水に残る。機械的な洗浄により洗剤分子に取り囲まれた汚れは生地からはがれる。また，洗剤は水に少し溶けただけで表面張力を低下させるので，汚れた生地の中に浸透しやすくして洗濯の効果を上げる。

　不溶性物質も分散させることができる。溶解しない2つの液体は，液滴状に分散しても界面張力が大きいために液滴が合体することで界面の表面積を小さくする作用が働き，一般的に，最終的には2つの層に分離してしまう。両親媒性物質である乳化剤を加えることにより安定なエマルション（マイクロメータ以下の非常に微小な液滴として片方の液体がもう一つの液体中に懸濁している）を形成する（乳化）。食品用，化粧品用，工業用といった用途に合わせてさまざまな種類の乳化剤が存在する。たとえば，マヨネーズでは卵黄の脂質が乳化剤効果を持ち，牛乳では乳タンパク質が働くことにより安定なエマルショ

3 水の特性

(a) 臨界ミセル濃度以下

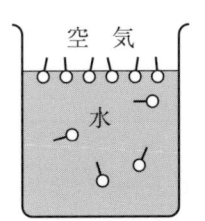

空気／水／親水性部分を外側にして球状に寄り集まりミセルを形成する

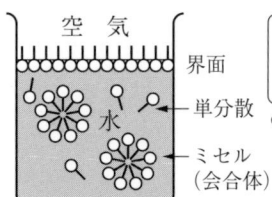

(b) 臨界ミセル濃度以上

空気／界面／水／単分散／ミセル（会合体）／油はミセルの中に包まれて水の中に分散される
○─：セッケン分子
（○は親水性部分，─は疎水性部分）

〈ミセルの形成〉
臨界ミセル濃度はちょうどミセルを作り始める濃度。セッケン分子は親水性部分を水側に，疎水性部分を外側にして界面に集まる傾向がある。セッケンが水に溶けると表面張力が下がるのは，界面の水分子が内側に引かれる力が水分子とセッケン分子の上向きの引力のため減るからである

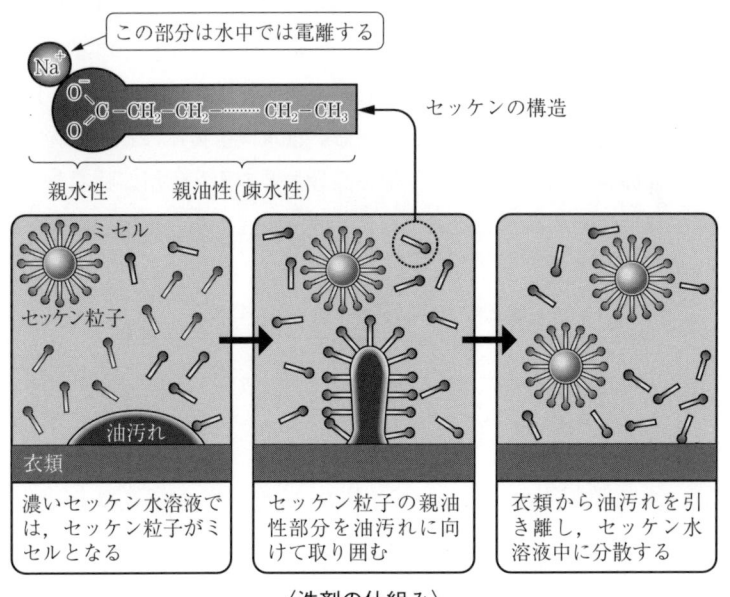

この部分は水中では電離する
Na^+
O^-
$C-CH_2-CH_2-\cdots\cdots CH_2-CH_3$ ← セッケンの構造

親水性／親油性（疎水性）

| 濃いセッケン水溶液では，セッケン粒子がミセルとなる | セッケン粒子の親油性部分を油汚れに向けて取り囲む | 衣類から油汚れを引き離し，セッケン水溶液中に分散する |

ミセル／セッケン粒子／油汚れ／衣類

〈洗剤の仕組み〉

図2.13 界面活性剤（両親性物質）の構造と洗浄の仕組み
─水に溶け難い物質を溶けるようにする─

ンを形成している。

4 重水と軽水―重水は軽水よりも特異な水―

　分子式が H_2O の水の分子は，2つの水素原子と1つの酸素原子が結び付いてできている。しかし，水に何も混じっていない純水を考えた場合でも，完全に H_2O ではない。純水の中には普通の水素原子と酸素原子のほかに，2倍と3倍の質量を持った水素原子 D（^2H：ジュウテリウム）と水素原子 T（^3H：トリチウム）がある（これらは原子核の数は同じであるが中性子の数が違う同位体である）。2倍の質量を持った水素原子 D は重水素と呼ばれる。すなわち H_2O（軽水）で成り立っている水のほかに，HDO の水，さらに D_2O の水がある（表2.4）。この D_2O と DHO の水は H_2O の軽水に対して重水と呼ばれる。ただし，重水は自然界には100万分の3％しか存在しない。重水は軽水に比べ水素結合が強くより動き難い水であるといえる。重水は生物体にとって有害である。重水の分子間の強い水素結合により生体高分子との相互作用が強くなるため，細胞内の生体反応や細胞膜を通過する移動速度が遅くなり，生理作用が抑制さ

表2.4　軽水と重水の物性値の比較

	H_2O	D_2O
比重	0.997	1.105
最大密度温度〔℃〕	3.98	11.6
沸点〔℃〕	100.0	101.4
融点〔℃〕	0.0	3.82
熱容量〔$cal \cdot K^{-1} \cdot g^{-1}$〕	1.00	1.02
融解熱〔$cal \cdot mol^{-1}$〕	1,436	1,520
蒸発熱〔$cal \cdot mol^{-1}$〕	9,710	9,969
昇華熱〔$cal \cdot mol^{-1}$〕(三重点)	12,170	12,631
比誘電率	82	80.5
膨張係数〔K^{-1}〕	2.57×10^{-4}	―
電気伝導率〔$S \cdot cm^{-1}$〕	5.5×10^{-8}	―
粘度〔cP〕	0.89	1.10

（日本材料科学会（編），「水利用の最前線」，裳華房（1999）より作成）

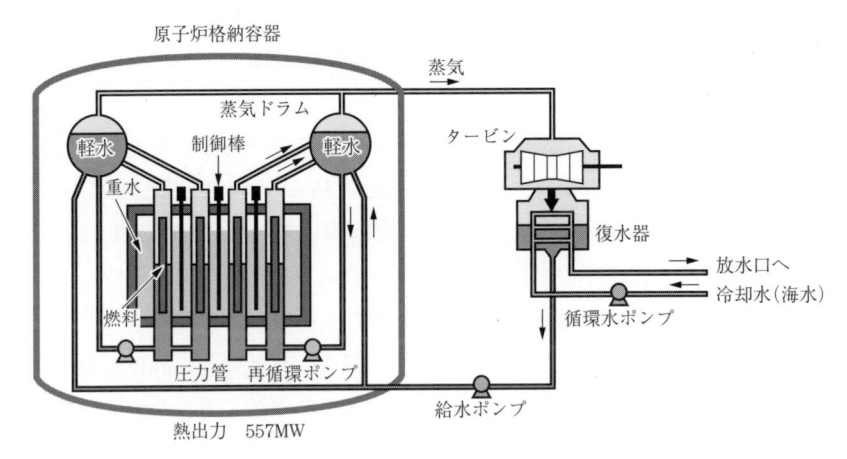

図 2.14　原子力発電用新型転換炉―中性子の減速材として重水が使われている―
（㈱日本原子力研究開発機構・ふげん発電所ホームページの図より作成）

れるので，重水は飲まないほうがよい。重水は原子炉の減速材として使われる（図 2.14）。重水は中性子の吸収をし難く軽水の 300 分の 1 程度であり，減速材（核分裂反応のときに放出される中性子の速度を減速して次の核分裂反応を起きやすくする）として優れている。重水の使用により，中性子の吸収量が少ないため，原子炉の燃料として濃縮していない天然ウランの使用が可能になる。重水により原子燃料の臨界量は大幅に低下し，原子燃料費の節約が可能になるため，熱中性子増殖炉には重水を欠くことはできない。軽水のイオン積（水はわずかではあるが電離して水素イオン H^+ と水酸化物イオン OH^- を生じる。それぞれのイオン濃度である〔H^+〕と〔OH^-〕の積 K_W を水のイオン積という。一般的には温度が高くなると少しずつ大きくなる）は 1×10^{-14} $(mol/L)^2$ であるが，重水のイオン積は 0.16×10^{-14} $(mol/L)^2$ であるため，電気分解により軽水と重水の分離が可能である。

5 超臨界水—液体であって気体でもある流体—

　水と水蒸気の境界線（蒸気圧曲線）に沿って温度，圧力を上昇させると，水と水蒸気の区別がなくなる点に到達する（図2.15）。その点が臨界点である。
　超臨界水とは，水の臨界温度（374℃）と臨界圧力（22.1 MPa）を超えた高温高圧の水であり，液体の水と気体の水蒸気の両方の性質をあわせ持っている（表2.5）。たとえば，超臨界水の密度は液体の1/10〜1/2程度であり，水蒸気に比べて数百倍大きい。粘度は水蒸気程度に低く，拡散係数は液体と気体の中間である。超臨界水は水蒸気の分子と同等の大きな運動エネルギーを持ち，液体の水に匹敵する高い分子密度を持つ非常にアクティブな流体である。そして，温度と圧力を変化させて密度や溶解度などのマクロな物性から水和構造などのミクロな構造や物性まで連続的にかつ大幅に制御することができる。
　また，超臨界水は誘電率とイオン積という反応場における重要な因子を制御できる特徴を持っている（図2.16）。超臨界水には常温常圧水に溶解しない有

水蒸気の分子と同等の大きな運動エネルギーを持ち，液体の水に匹敵する高い分子密度を持っているアクティブな流体が超臨界水

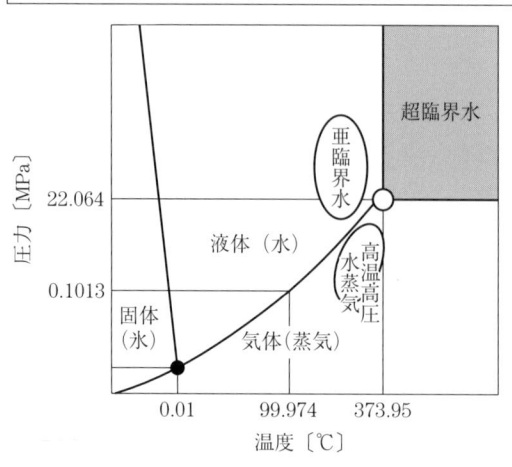

超臨界領域では，化学反応速度を律速する溶解度，拡散係数，誘電率，粘性，熱伝導率などが通常の液体と異なるとともに温度または圧力を変えることにより大きく変化する。この特性により，超臨界水の化学反応系の溶媒としてあるいは反応物質そのものとしての利用が注目されている

小さな分子の水の臨界温度と臨界圧力が異常に高いのも分子間に働く水素結合による

図2.15　水の超臨界領域—水の新しい領域—

表2.5 気体，液体，超臨界流体のマクロ物性の比較

物性	気体	超臨界流体	液体
密度〔kg/m^3〕	0.6〜2.0	300〜900	700〜1,600
拡散係数〔$10^{-9} m^2/S$〕	1,000〜4,000	20〜700	0.2〜2.0
粘度〔$10^{-5} Pa \cdot s$〕	1〜3	1〜9	200〜300
熱伝導率〔$10^{-3} W/m \cdot K$〕	1	1〜100	100
動粘度〔$10^{-7} m^2/s$〕	100	1〜10	10

（阿尻（監），「超臨界流体とナノテクノロジー」，CMC出版（2004）より作成）

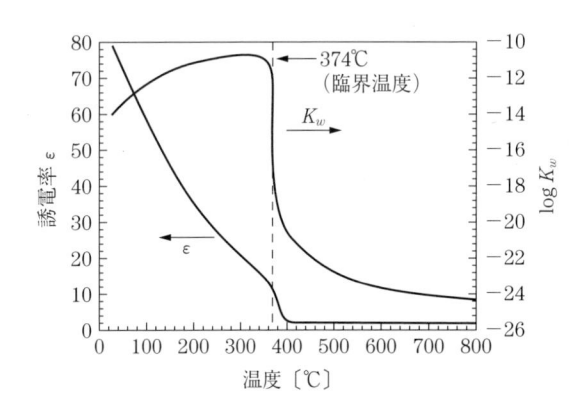

図2.16 水の誘電率とイオン積の温度依存性（圧力は25 MPa）

300℃付近におけるイオン積は常温の約100倍。そのため，亜臨界水中では水素イオンや水酸化合物イオンの濃度が高く，酸やアルカリを加えなくても加水分解反応が起こる

機物（低誘電率物質）の溶解が可能である。室温・大気圧では水の誘電率は80程度と大きいため，誘電率の低い炭化水素（たとえば，ベンゼン）は溶解しない。しかし，超臨界水の誘電率は2〜10程度で極性の弱い有機溶媒（他の物質を溶かす液体。溶媒が水の場合の混合物が水溶液である）程度であり，ベンゼンなどの誘電率の低い有機物を溶解できる。物質の合成，分解に使用されてきた有機溶媒に代わるクリーン溶媒として期待されている。水のイオン積は室温・大気圧では10^{-14} $(mol/L)^2$であるが，飽和水蒸気圧下の高温（250〜300℃）・高圧の水では10^{-11} $(mol/L)^2$程度まで増加し，水が解離して酸やアルカリ触媒の働きをして加水分解のようなイオン反応を促進する。臨界点ではイオン積は室温・大気圧の値程度に低下するが，超臨界状態では圧力を上げ

と容易に室温・大気圧の水より1桁以上大きくすることができる。温度あるいは圧力を変えることにより，超臨界水は水溶性から非水溶性にそしてイオン反応場からラジカル反応場に変化するのである。超臨界水は有機系廃棄物の資源化，難分解性有害物質の無害化などへの応用が検討されている。

超臨界流体のおもな特性をまとめると，
① 密度に依存する物性（溶解力，拡散係数，熱伝導率，誘電率，イオン積など）が温度・圧力の微小変化でも連続的かつ大幅に変化する
② 液体に比べ低粘性，高拡散性で，界面張力も非常に小さいため，多孔質固体・微細構造への浸透性に優れている
③ 臨界点近傍では熱伝導率がきわめて大きくなるため，高い熱移動速度が得られる。また動粘性が小さいため，わずかな温度差により自然対流が起きやすい
④ 熱運動と分子間力が拮抗している状態のため，溶質が存在する場合には溶質分子周囲の溶媒和構造が形成され，それが温度・圧力により変化する

6 高温高圧の水（亜臨界水）と高温高圧水蒸気―反応性に富んだ水―

臨界温度（373.95℃）よりやや低温で飽和水蒸気圧以上の水を亜臨界水と呼ぶ（図2.15）。亜臨界水は，強い加水分解作用と有機物の溶解作用を持っている。イオン積が高く通常の水より水酸化物イオンの濃度が高く，かつ誘電率が低いためである。水は水素イオンと水酸化物イオンによる加水分解作用を持つが，これらのイオン量を示すイオン積が200～300℃で極大値を示し，加水分解作用が最も激しく，有機物を高速で水に溶ける低分子に分解する。また，水でありながら油を抽出する力が強く，有機物中の油をほぼ100%瞬時に抽出する。臨界点付近に近付くと加水分解力は衰え，熱分解力が強くなる。有機物の溶解作用は，水の誘電率が亜臨界領域で急激に減少し，有機溶媒と同程度になる。しかし，無機物はほとんど溶解しないため，有機物と無機物の分離・除去

が可能となる。

　高温高圧の水蒸気（図2.15）は亜臨界水と類似の反応性を持っており，食品プロセスへの応用が検討されている。亜臨界水との差は，反応速度が緩やかであることのほかに抽出しないという特徴を持っていることである。高温高圧の水蒸気を用いることにより，食品の加水分解や断片化の際，食品に含まれる旨み成分やコク成分を抽出による除去を起こさずに残せる。さらに，水蒸気は乾燥の機能を持っている。食品工業では水蒸気を殺菌，蒸し煮，乾燥などに利用してきた。

第3章

機能水
―活性化の方法と利用法―

高い機能を付加するために活性化された水は多方面で注目されており、「日本機能水学会」もできているほどである。ただし、科学的根拠の乏しい機能水や機能についての説明が科学的でない機能水も多いのが現状である。水に関連した書籍においても、科学的根拠の乏しい機能水の扱いが適切でないことも多いので、注意が必要である。

水を活性化する方法としては、一般に以下の方法などが用いられている。
① ある種のエネルギーを加える
② 物質を溶解させたりミネラルを添加する。セラミックスや天然石に接触させる
③ 濾過膜、分離膜、逆浸透膜などの膜を透過させる
④ 水に機能として付加したい情報を転写する

ただし、これらの方法で本当に活性化できているか証明されていない水が多い。活性化された水については、
① エネルギーが変化する
② 水の構造が変化する
③ 活性化学種が生成する
④ 酸化還元電位が変化する
⑤ 物性が変化する

などの変化が起こり、機能を付加された水になったと説明されている。活性化方法についていろいろ説明されているだけで、科学的根拠と実験データが示されていない水が少なくない。このような方法で活性化されたとする水が、電解水（アルカリイオン水、酸性水）、還元水、磁気水、セラミックス処理水、膜処理水、情報水などと呼ばれている機能水である（**表3.1**）。

日本機能水学会による機能水の定義は、「人為的な処理によって再現性のある有用な機能を獲得した水溶液の中で、処理と機能に関して科学的根拠が明らかにされたもの」であるが、ここでは広義に考えて、自然によって活性化された水と人工的に活性化された水に分け、さらに科学的根拠が明らかになっていない水についても考える。

表 3.1 おもな機能水の例—本当に活性化されている？　科学的根拠は？—

種　類	活性化法	お　も　な　機　能
アルカリイオン水	電気分解	弱アルカリ性の水で，飲み水に適しているほか，胃病の症状改善に効果がある
還元水 （活性水素水）	電気分解 ミネラル添加	活性水素が多く含まれる水で，体にとって有害な活性酸素を無害化させる
磁化水	磁気，電磁波	磁石の磁力で錆やスケールが除去され，水分子のクラスターが小さくなる
ミネラル抽出水	ミネラル添加	バーミキュライト，ゼオライトなどを強酸で溶かし，抽出し，濃縮したミネラル水。浄化力を持ち，細胞を活性化させる
波動水	情報転写	身体の臓器は固有の波動を持ち，その健康によい波動を転写し活性化した水
π（パイ）ウォーター	情報転写	生体水に含まれる特定の物質に情報を与えることにより，水を活性化し，水に特別な機能を付加したもの

(岡崎，鈴木，「科学で見なおす 体にいい水・おいしい水」，技報堂出版（2005）より作成)

1　自然による機能化—自然が活性化した水の利用—

　人間は自然の水を上手に利用して生きてきた。水は人間が生きていく上で不可欠である。飲料用，炊事，洗濯，入浴と1日あたり1人300〜400 Lの水が使われている。生活用水以外に農業用水，工業用水として原水（河川，地下水，雨水）のままあるいは使用目的に合うように処理した水（下水・産業排水の再利用，海水の淡水化）を大量に使っている（表 3.2）。さらに，人間は太陽や地球が持っている資源やエネルギーを水を通して有効に利用してきた。

　生命が誕生したと考えられている海と人間の関係は重要である（第1章1-3）。海水があったがゆえに人間は存在し得たともいえる。海洋はエネルギーそして物質資源の宝庫であり，人間は海洋を積極的に利用してきた（図 3.1）。第1章図1.6に示すように全水量の96.5%が海水である。それを有効に利用しない手はない。

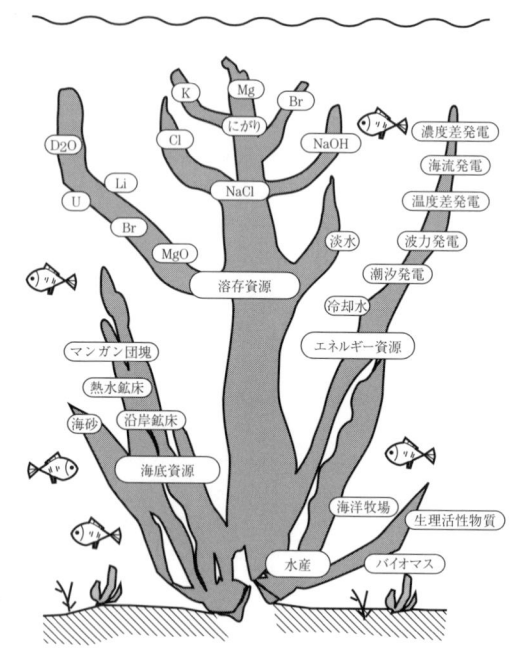

(a) 海洋資源の利用ツリー

陰イオン		陽イオン		塩類	
Cl	18.9799	Na	10.5561	$CaSO_4$	1.38
SO_4	2.6486	Mg	1.2720	$MgSO_4$	2.10
HCO_3	0.1397	Ca	0.4001	$MgBr_2$	0.08
Br	0.0646	K	0.3800	$MgCl_2$	3.28
F	0.0013	Sr	0.0133	KCl	0.72
H_3BO_3	0.0260			NaCl	26.69
計	21.8601		12.6215		34.25

(b) 海水のおもな成分（g/kg–海水）

> 河川の水には、陰イオンでは炭酸水素イオン、硫酸イオン、塩化物イオンの順に多く含まれ、陽イオンではカルシウムイオン、マグネシウムイオン、ナトリウムイオンの順に多く含まれている。海洋の化学成分のおもな供給源は河川水であるが、海水と逆の順番である。これは、河川から流れ込んだ化学成分のほとんどが海底に堆積してしまうためである。たとえば、カルシウムイオンは、大気中の二酸化炭素が溶け込みできる炭酸水素イオンとともに植物プランクトンなどに吸収されて炭酸カルシウムとなる。生物が死ぬとその5〜10%が海底に堆積する。マグネシウムイオンと炭酸水素イオン、鉄イオンと硫酸イオンもそれぞれ炭酸マグネシウムと硫化鉄を生成して海底に堆積する

図3.1　海洋の利用—エネルギーと資源の宝庫—

（日本海水学会、ソルト・サイエンス研究財団（編）、「海水の科学と工業」、東海大学出版会（1994）より作成）

表3.2 人間の水の利用方法―原水と処理水―

原水の種類	処理水の供給先・用途	水処理技術
湖沼水，河川水 地下水，伏流水 雨水 下水，雑排水 海水	飲み水 水道水源 工業用水 環境用水 　（河川流量維持を含む） 修景・親水用水，散水用水 レクリエーション水 　（水浴，釣りなど） 流・融雪用水 中水道，ビル内雑用水 農業用灌漑水 地下水涵養水	消毒 緩速沪過 急速沪過 生物処理，生物沪過 膜沪過 高度処理 　（オゾン―粒状活性炭処理など） 特殊処理 　（除鉄，除マンガン処理など）

（森澤（編），「生活水資源の循環技術」，コロナ社（2005）より作成）

1-1　海洋深層水―海洋が持っている資源の利用―

　海洋深層水は，光合成による有機物の生産よりも有機物の分解が優勢であり，鉛直混合（深さ方向の混合）や人為の影響が少ない補償深度（植物の光合成量と呼吸量が等しくなる光の強さになるまで太陽光が減少するところの深さ。経験的に表面の光の強さが1％にまで減少する深さとされている）より深いところの資源性の高い海水である。海洋深層水は，一般に，太陽の光の届かない200 m以深の海水（ただし，海洋学では深層水は数千m以深の海水を指す）で，富栄養性（生物［特に植物］の成長に欠かすことのできない無機栄養塩類［硝酸塩，リン酸塩など］が豊富に含まれている），清浄性（細菌類が少なく，陸水や大気からの化学物質や病原性微生物などによる汚染の可能性も少ない），低水温性（太陽の輻射を受ける海面に近い表層の海水に比べて，年間を通じて水温が低い），水質安定性（海水として無機化が進んでおり，水質が物理・化学的および微生物学的に安定している。水質の変動が小さく，年間を通じてほぼ安定している）などの優れた特性を有している（図3.2）。最近，海洋深層水の塩・金属類・清浄水などの資源性が着目されている。

　地球表面の約70％は海洋で，その約60％は1,600 m以上の深い海である。

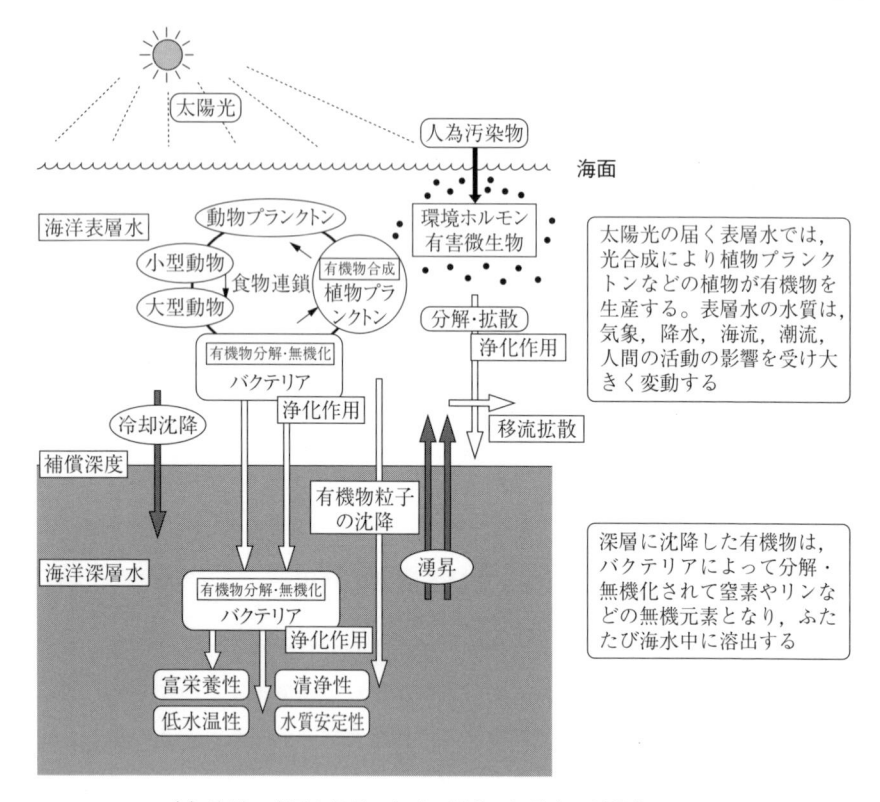

(a) 海洋の表層と深層における活動—深層水の活性化—

(b) 海洋の表層水と深層水に含まれている成分の比較

項目	単位	表層水（水深0m）	深層水（水深320m）
温度	℃	16.1 ～ 24.9	8.1 ～ 9.8
pH	—	8.1 ～ 8.3	7.8 ～ 7.9
塩分	%	33.7 ～ 34.8	34.3 ～ 34.4
溶存酸素量	ppm	6.4 ～ 9.5	4.1 ～ 4.8
硝酸塩態窒素	μM	0.0 ～ 5.4	12.1 ～ 26.0
リン酸塩態リン	μM	0.0 ～ 0.5	1.1 ～ 2.0
ケイ酸塩態ケイ素	μM	1.6 ～ 10.1	33.9 ～ 56.8
クロロフィルa	mg/m^3	4.2 ～ 50.6	痕跡
生菌数	CFU/mL	10^3 ～ 10^4	10^2

（クロロフィルa量：光合成色素の一つであり，富栄養化の進行状況を表す）

図 3.2 海洋深層水の生成—海洋の表層と深層での活動—

(日本海水学会（編），「おもしろい海・気になる海 Q&A」，工業調査会（2004）より作成)

図3.3 海洋循環モデル（コンベア・ベルト）―海洋深層水の流れ―
（日本海水学会（編），「おもしろい海・気になる海Q&A」，工業調査会（2004）より作成）

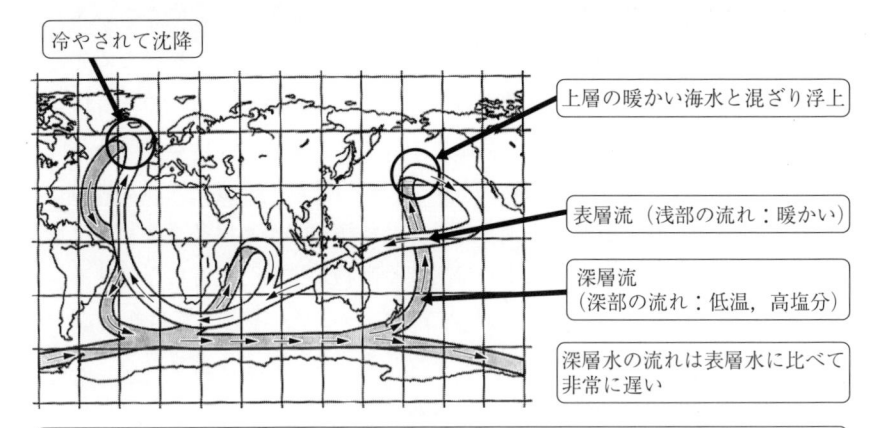

図中のラベル：
- 冷やされて沈降
- 上層の暖かい海水と混ざり浮上
- 表層流（浅部の流れ：暖かい）
- 深層流（深部の流れ：低温，高塩分）
- 深層水の流れは表層水に比べて非常に遅い

深層水の循環：深層水はおもに大西洋の高緯度域で形成される。北大西洋のグリーンランド沖で冷やされて密度が高くなった表面水が，深層水として西岸に沿って南下し，南極底層水と混合し，南極の周りを時計方向に回りながら太平洋，インド洋，あるいは大西洋に流れ込む。1日数cmの速度でゆっくり循環している。海流の循環はあたかもベルトコンベアのベルトのように見える

　海水は，深さによって表層水，中層水，深層水に分けられる。水深200 mより深い層にあるのが海洋深層水である。図3.3に示すような海洋循環モデルが知られている。深層水の循環は表層水の循環（海流）に比べると非常に遅い。深層水は，海流となって地球を約2,000年かけて一周する。グリーンランド付近で沈降した深層水が南極にたどり着くのに約700年かかり，さらに東回りでオーストラリア大陸にたどり着くまで約600年かかり，太平洋北部まで北上するのに約700年かかるといわれている。深層流の流れは北太平洋で浮上する。また，一部は南極大陸周辺を移動しながらインド洋で表層に浮上する。海洋循環流は深層から表層の海流へと続く。温暖化が進むと，真水が海水に流れ込みすぎて塩分が薄くなり，深層への落ち込みが弱くなり流れが停滞し，地球は氷河期になるともいわれている。大気環境の変化は海水の環境にも影響する。

　深層水は長い間大気と接触しないため，表層水や中層水とかなり異なる性質を持っている。その特徴は，富栄養，低温，清浄であることである。

海洋深層水は，太陽光が届かず植物プランクトンなどが生育できない深さの海水域の水である。この海水域では植物プランクトンが存在しないため光合成が行われない。その結果，分解力が合成力に比べて優勢であるため，有機物の分解が促進され無機塩類が蓄積し高濃度のミネラルを含んでいるのである。表層水に比べ，海洋性細菌や汚染物質が少ないのも特徴である。人間が排出した物質などで汚染された表層の海水と違って，清浄な深層水は多くのミネラルや栄養分に富んでいる。表層の海水には人間や動物が排出した有害なアンモニアや尿素（$(NH_2)_2CO$）などの有機物が含まれているが，深層水では無害な栄養物質に変わる。リンなどの栄養分やミネラルもバランスよく含まれる。深海では生き物も少ないので病原菌などはほとんどいない。

海洋深層水の機能性は，清浄性は優れた培養・飼育水としてあるいは種々の製品の原材料として，富栄養性は肥料や補助栄養物として，低水温性はエネルギー生産における冷媒源として活用されている。上手に使えば，枯渇の心配のない再生・循環するクリーンな資源である（図3.4）。

採取された深層水から作られる水には，沪過殺菌のみされた原水，脱塩装置

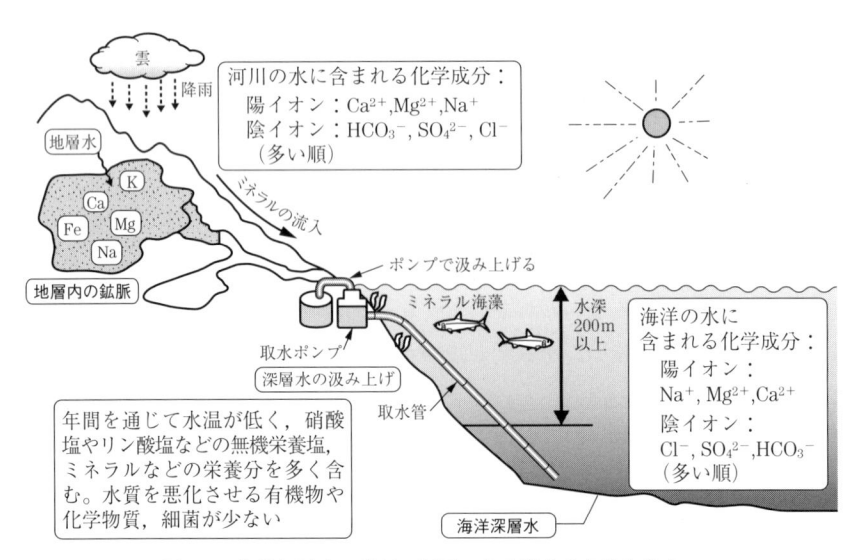

図3.4 海洋深層水の利用―深層にある機能水を取り出す―

表3.3 海洋深層水の製品—体によい機能水?—

分類		項目	内容
原水		製品名	海洋深層水
		製造方法	取水した深層水を紫外線殺菌したもの
		おもな成分	塩分（$Na^+ + Cl^-$）2.5〜3.6% 硬度（$CaCO_3$）5,500〜6,500 mg/L
脱塩水	ミネラル水	製品名	電気透析脱塩水
		製造方法	深層水を電気透析装置で脱塩したのち殺菌したミネラル成分を含む脱塩水
		おもな成分	塩分0.4〜0.6%，硬度5,500〜6,500 mg/L
	淡水	製品名	逆浸透膜脱塩水
		製造方法	深層水を逆浸透膜で脱塩後殺菌した，塩分，ミネラル分をほとんど含まない脱塩水
		おもな成分	塩分0〜0.03%，硬度0〜10 mg/L
濃縮水	塩水	製品名	電気透析濃縮水
		製造方法	深層水を電気透析装置で濃縮後殺菌した，塩分濃度が高くミネラル分を含まない濃縮水
		おもな成分	塩分8.2〜9.2%，硬度0〜10 mg/L
	ミネラル塩水	製品名	逆浸透膜濃縮水
		製造方法	深層水を逆浸透膜で濃縮後殺菌した，塩分濃度が高くミネラル分を非常に多く含む濃縮水
		成分	塩分4.5〜6.5%，硬度10,000〜20,000 mg/L

(岡崎，鈴木，「科学で見なおす 体にいい水・おいしい水」，技報堂出版（2005）より作成)

で塩分だけ除去したミネラル水，塩分とミネラルを除いた淡水，塩分が濃縮された塩水，塩分とミネラルが濃縮されたミネラル塩水がある（**表3.3**）。飲料水はミネラル水と淡水である。海洋深層水はきれいな海水であるが，海水をそのまま飲むことはできない。脱塩装置などで塩分やミネラル分を除き，飲用に適するように調整される。ほかの水は，食品，化粧品，医薬品などの原料，農作物の栽培や温泉水として利用されている。海洋深層水は，マグネシウム，カルシウムなどのミネラルがバランスよく含まれており，ミネラル不足，高血圧，糖尿病によいといわれている。

表3.4 海洋深層水から作られる製品と用途―深層水はミネラルが豊富できれいな水の原料―

海洋深層水の加工方法	一次製品	二次製品と用途
海水を原料として，逆浸透膜法電気透析法，蒸留法などで淡水化する	淡　水	飲料水，化粧品，発酵食品（清酒）
海水を濃縮すると塩化ナトリウムを主体とした塩が沈殿する	塩	塩乾物，塩蔵，食品，化粧品，入浴剤
塩が沈殿したときの上澄み液がニガリである	ニガリ	豆腐の製造，健康食品，食品添加物
無処理	（海洋深層水）	発酵食品，深層水氷

（日本海水学会（編），「おもしろい海・気になる海Q&A」，工業調査会（2004）より作成）

表3.4に現在海洋深層水から作られる製品の例がまとめられている。おもに海洋深層水の持っている清浄性が使われている製品である。深層水ドリンク，海洋深層水から作られた淡水や塩を原料とした製品などが作られている。今後海洋深層水の利用がおおいに期待されている分野は，水産分野（種苗生産，養殖，漁獲した魚介類の洗浄など），冷熱利用分野（冷房，水温制御，蒸留による淡水製造など），農業分野（土壌冷却，作物への散布など）である。

1-2　海洋深層水氷―機能水から作られる氷―

海洋深層水氷は海洋深層水を原料として製造される塩分を含んだ海水氷である。海水氷は，真水の氷結晶と塩水の混合物であり，氷結晶には塩分が取り込まれていない。表層海水でも同様な海水氷ができるが，海洋深層水は水温が低いために少ないエネルギーで海水氷を製造でき，細菌類が少なく清浄な氷ができるというメリットがある。海水（塩分を3.4％含んだ水）は，-1.8℃から真水の氷結晶ができ始めるが，氷結晶の直径は0.1〜0.5 mmと非常に微細であり，流動性のあるシャーベット状氷となる。全体量に占める氷結晶量の割合は温度によって決まり，低温にするほど氷結晶の量が増え，塩水は氷結晶間に閉じ込められて流動性がなくなり，見かけ上固体氷となる。-24℃になると塩分が海水に溶解しきれず，塩化ナトリウムの水和塩として析出し，白い固体状の海水氷になる。海洋深層水氷は，魚介類の鮮度保持に利用されている。海洋深層水氷が0℃以下の低温を保持できることと，融解した水が塩分を含んで

いるためである。魚介類は，その魚肉が凍結しないぎりぎりの温度で保存することが最も鮮度の低下を防ぐが，その温度は−2℃程度であり真水氷では温度が高すぎる。また，海洋深層水氷は微細な結晶のシャーベット状であるため，魚に均等に接触して急速に冷却でき，また融解速度も速いメリットがある。さらに，魚を傷付けることも少ない。真水氷では融解水と魚体との浸透圧バランスがとれず魚の傷みが早いが，海洋深層水氷では塩分が1〜2%のものを使用すれば，浸透圧バランスがとれ傷みも少ない。

1-3 海水から採取され利用されている資源—塩—

海水中に溶けている物質の濃度は低いものが多く，海水から採取して工業的に利用されている資源は，今のところ食塩（塩化ナトリウム），マグネシウム（制酸剤などの医薬品，耐火物［マグネシアクリンカー］，食品添加物，無毒難燃剤などとして利用），臭素，カリウムなどに限られている。

岩塩などの天然の塩資源がない日本では，海水をいろいろな方法で濃縮し，さらに煮詰めて塩を作ってきた。現在国内では，食塩のほとんどは，古来の塩

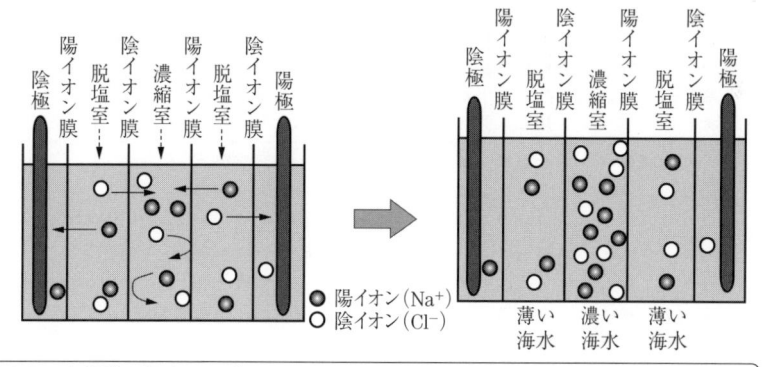

陽イオン交換膜は陽イオン（ナトリウムイオン：Na$^+$）だけを選択的に通し，陰イオン交換膜は陰イオン（塩化物イオン：Cl$^−$）だけを選択的に通す。この2種類の膜を交互に並べ両端に電圧をかけると，陽イオンは陰極に向かってそして陰イオンは陽極に向かって移動するので，イオンが集まる室（濃縮室）とイオンが少なくなる室（脱塩室）に分かれる。濃縮室から食塩濃度が濃くなった海水が得られる

図3.5 イオン交換膜を用いた電気透析法による海水の濃縮—さらに煮詰めて塩を作る—
（日本海水学会（編），「おもしろい海・気になる海 Q&A」，工業調査会（2004）より作成）

田製塩に代わってイオン交換膜法（図3.5）で濃縮し，さらに蒸発缶で煮詰めることにより製造されている。

いろいろな種類の塩が市販されている（表3.5）。製法の違いは塩の味に影響を及ぼす。イオン交換膜塩法ではニガリ（海水から食塩を採取したあとの液）の主成分は塩化マグネシウム，塩化カルシウム，塩化カリウムであるが，天日塩田法では塩化カルシウムがなく硫酸マグネシウムが加わるために味に違いがでる。

表3.5 市販されている塩の種類―おいしい塩を求めて―

	塩　種	簡　単　な　説　明
乾燥塩	食塩 特級塩 微粒塩 岩塩	海水を膜濃縮し大型結晶缶で製造。最も広く使われる 食塩と同じ方法で作られる高純度塩。業務用 乾燥品が多い。食塩以下の粒径で0.05 mmまで。溶けやすい 岩塩鉱で掘った塩。大粒で硬い
湿塩	並塩 白塩 粉砕塩 天日塩(原塩)	海水を膜濃縮し大型結晶缶で製造。業務用で最も広く使われる 海水を膜濃縮し大型結晶缶で製造。並塩より大粒 輸入天日塩を粉砕。大粒 輸入品。海水を塩田で濃縮結晶
加工塩	精製塩 焼き塩 フレーク塩 凝集結晶塩 大粒塩	天日塩，岩塩の溶液を精製して大型結晶缶で製造する高純度塩 塩を250〜700℃で焼いた塩。サラサラで固まり難い あらしお。平釜焚きの平板状結晶。軽い。付着しやすい。溶けやすい 高温の平釜焚き。フレークと並塩の中間型 10 mm以上の大結晶，造粒塩など
添加物塩	旨味調味料 苦汁(ニガリ) カリウム塩 各種ミネラル 食品	食卓用。グルタミン酸，イノシン酸などを添加 マグネシウムとして0.03〜0.5％添加 カリウムとして，減塩用25％以上，調味改善用5〜25％ 鉄塩，カルシウム。外国ではヨウ素，フッ素，亜鉛，セレンなど ごま，胡椒など各種香辛料，ニンニク，ハーブ類など
その他	海塩平釜焚 海水直接乾燥	立体濃縮して平釜焚きした凝集塩。小規模製塩 噴霧乾燥などで海水全乾燥。小規模製塩

（日本海水学会（編），「おもしろい海・気になる海 Q&A」，工業調査会（2004）より作成）

> イオン交換膜は2価のイオン（Mg^{2+}，Ca^{2+}，SO_4^{2-}など）を通し難く，1価のイオンであるナトリウムや塩化物イオンを通しやすいため，イオン交換膜法で作られた塩はニガリ（塩化マグネシウム $MgCl_2$ が主成分）が少ない。料理ではわざわざニガリを加えて使ったりしている

1-4　淡水化―豊富にある海水を真水にする―

良質な真水が利用できない地域では海水（塩水）の淡水化が要求されている。代表的な淡水化法には蒸発法，逆浸透法，冷凍法がある。

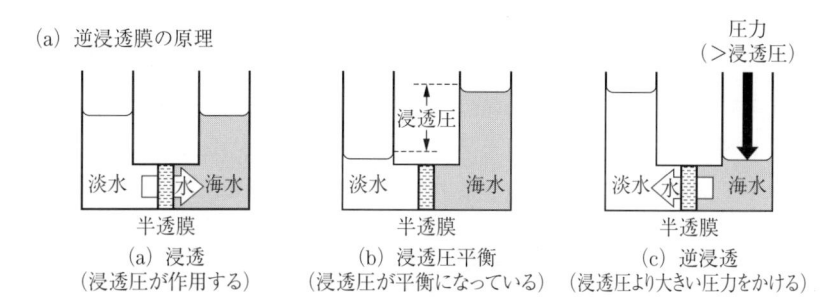

(a) 逆浸透膜の原理

(a) 浸透
（浸透圧が作用する）

(b) 浸透圧平衡
（浸透圧が平衡になっている）

(c) 逆浸透
（浸透圧より大きい圧力をかける）

半透膜による浸透では，浸透圧により膜の両側の濃度が同じになろうとして淡水側の水が塩分を含む海水側に透過する。逆浸透法では，浸透圧以上の圧力を海水側にかけることにより海水側の水を淡水側に透過させる

(b) 膜エレメント

スパイラルエレメント

中空糸エレメント
（浄水器に使われている）

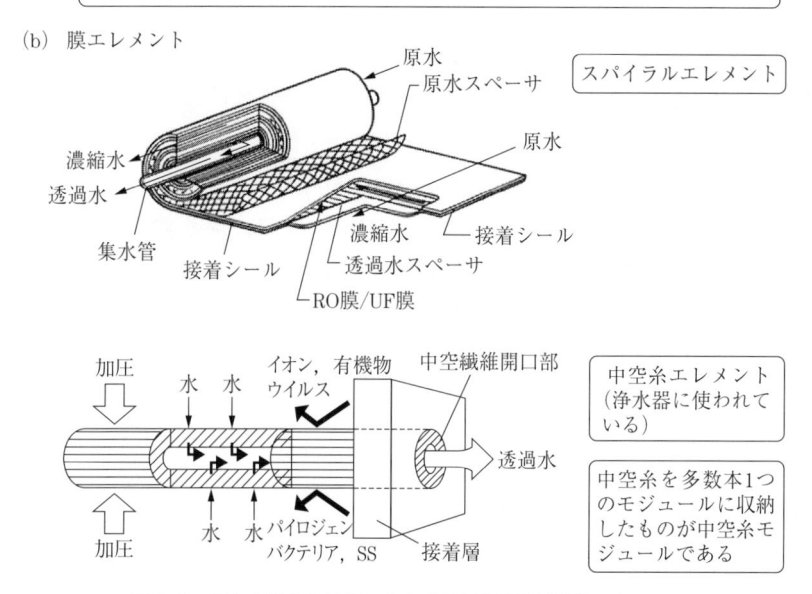

中空糸を多数本1つのモジュールに収納したものが中空糸モジュールである

図3.6　海水の淡水化に用いられる逆浸透膜法と膜モジュール
（日本海水学会，ソルト・サイエンス研究財団（編），「海水の科学と工業」，東海大学出版会（1994）より作成）

最近，省エネルギー技術として広く普及している逆浸透法は，水（溶媒）は通すが海水中のイオン（溶質）は通し難い性質を持つ半透膜（おもな膜材料は，アセチルセルロースなどのセルロース系材料と芳香族ポリアミドなどの非セルロース系材料がある）を用い，ポンプの圧力（浸透圧［溶液の濃度を薄くしようとする力］以上の圧力）で水だけを通過させて淡水化を行う方法である（図3.6）。大型の淡水化装置（造水能力10万m^3/day以上のものも建設されている）においては非常に大きな膜面積が必要になるため，膜をコンパクトにまとめたエレメントを数個内蔵したモジュールを用いる。その例として図3.6に示したスパイラルエレメント，中空糸エレメントなどがある。

1-5　水産資源―海洋が育む資源の行方は？―

　海洋にはクジラのような大型哺乳類から，目に見えない大きさのバクテリアや微細藻類まで多種多様な生物が生息している。人間は魚，貝，エビ，海藻を食料としてきた。しかし，乱獲，海洋汚染，気候や生態系の変化などにより水産資源は横ばいまたは減少の傾向にある。たとえば，太平洋のまぐろ類は横ばい状態にあり，漁獲量の制限がされるようになってきている。

　有用水産資源の維持・増大と漁業生産の向上を図るため，種苗（稚魚）生産，放流，育成管理などを行う栽培漁業への取組が行われている。

　海底の岩が盛り上がって浅くなっているところには，さまざまな魚類が集まる。この天然礁は，潮の流れが複雑になり，海底に近い養分を多く含んだ水がかき混ぜられる。そのため，プランクトンがたくさん増えて，これを餌とする小魚が集まり，さらにそれを狙って大型魚が集まるようになる。また，魚礁の複雑な構造は魚類が外敵から身を守るのに適しており，さらに，魚礁の周りは渦流が生じるので，魚類が滞留しやすくなっている。廃船を沈めたりしてこのような場所を人工的に作ることは古くから行われていた。魚を増やして獲るために耐久性があるコンクリートブロックなどを人工魚礁として投入したりしている（図3.7）。近年は軽量で耐波抵抗のある魚礁の材質や魚の集まりやすい形状の研究も進み，年々大型化している。海藻を増やし，それを餌とするウニやアワビとそこをかくれ場とする稚魚や子エビを増やす海洋牧場も作られてい

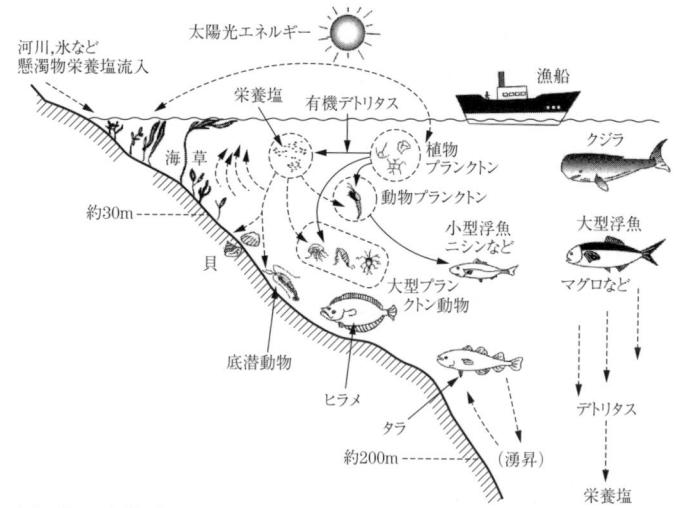

(a) 海の生態系(宇田,「海」,岩波書店 (1969) より作成)

(b) 魚礁による水産資源の確保—海洋牧場—

図 3.7　水産資源の確保

る．ただし，魚の人工生産技術（養殖生産）には未解決の生理学的，生態学的問題もある．

1-6　海水および海底の鉱物資源：海水溶存資源・熱水性鉱床・マンガン団塊—海洋は資源の宝庫である—

　微量ではあるが，海水に溶けている資源で今後利用が期待できるものとしては，リチウム（Li，海水中の濃度は約 0.18 ppm），ウラン（U，海水中の濃度は約 3 ppb）などがある．リチウムは海水 1 L 中に 180×10^{-6} g 溶けており，携

(a) 海水中に含まれている資源

	濃度〔ppm〕	総量	陸上資源量*)	生産量〔10^3 t/yr〕
Mg	1,294	$1,700×10^4$	C：85	0.12
K	387	$500×10^4$	C：650	0.3
Br	67	$90×10^4$		0.0003
Li	0.18	2,400	R：0.14	0.05
Fe	0.01	130	C：5000	3？
Al	0.01	130	C：140	0.1？
Mo	0.01	130	C：0.025	0.0012
U	0.003	40	C：0.03	0.002？
V	0.001	13	C：0.2	0.07？
Ni	0.0005	7	C：0.7	0.000012
Zn	0.0004	5	C：1.0	0.08
Cu	0.0001	1	R：2.8	0.009
Ag	0.000003	0.04	C：0.0017	0.00015
Au	0.000001	0.01	C：0.0003	0.00002

＊）Cは推定埋蔵量，Rは推定資源量
(日本海水学会，ソルト・サイエンス研究財団（編），「海水の科学と工業」，東海大学出版会（1994）より作成)

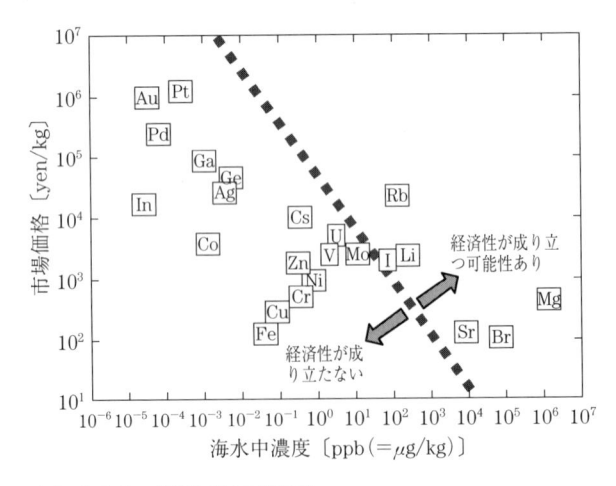

海水中の重金属もおもに河川水により運び込まれる。そのほとんどは海底に堆積する

(b) 海水中の資源回収の経済性

図 3.8 海水に含まれている成分の回収についての経済性
(吉塚，化学工学，71，377（2007）より作成)

(a) 海底資源

海底資源の種別	海底石油・ガス	マンガン団塊		熱水鉱床	ガスハイドレート
		鉄・マンガン団塊（多金属団塊）	マンガンクラスト（コバルトリッチクラスト）		
有用資源	石油・天然ガス	銅, ニッケル, コバルト, マンガン	おもにコバルト	亜鉛, 銅, 鉛, 銀, 金	おもにメタン
成因・性状	堆積物中の有機物が地質時代を経て生成された炭化水素類の混合物	鉄, マンガン酸化物が海水から沈殿し凝集したもので含有金属元素はプランクトンに取り込まれたもの		海底火山活動にともなって湧水する熱水から沈殿した鉱物（おもに硫化物）	水分子内にメタンなどの気体分子が取り込まれたシャーベット状のガス水和物
分布	海底数km下の貯油層。液体およびガス状	おもに深海底（水深4,500～6,000mに団塊状に分布する）	海山の山頂・斜面を皮殻状に覆う（水深500～2,500m）	泥状（厚さ数十m）, 塊状（不規則な形と規模で堅い塊が海底に散在）	海底下の比較的浅い所(100～1,100m)に層状に分布
おもな産地	ペルシャ湾, メキシコ湾, 北海, インドネシア沿岸など	中部太平洋域（ハワイ南東方から東にかけての海域）など	南太平洋から太平洋中央部の海山の山頂・斜面など	紅海・東太平洋海膨（海底山海脈）, 大西洋中央海嶺など	北極海, 北米東岸沖, 西アフリカ沖など

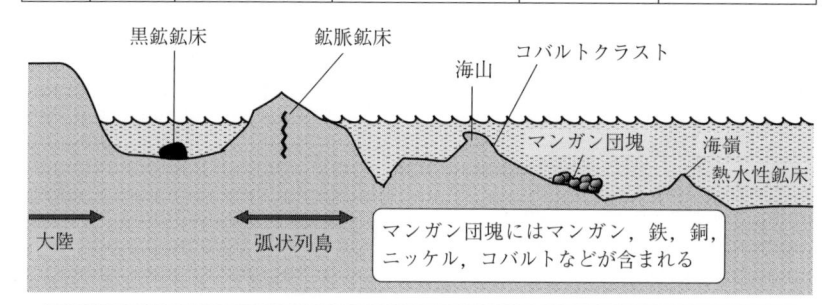

(b) 熱水性鉱床とマンガン団塊

図 3.9　海底鉱物資源—熱水性鉱床が作り出す海底資源—（その1）

海底火山活動のみられる中央海嶺（大洋の中央付近にみられる海底山脈）や火山性列島の周辺海域に，熱水鉱床が知られている。このような海底には，熱せられた高温水（数百度に達する）が，海底の割れ目を通して噴出している（a）。噴出孔とその周辺には，熱水からの沈殿物が堆積して，スモーカーと呼ばれる煙突構造（5mに達するものもある）やマウンド（小高い山）構造を作る（b）。これらの沈殿物には，しばしば有用金属（鉛，亜鉛，銅，銀，金など）を大量に含み，陸上の金鉱よりも高い金含有量を示すものもある

熱水鉱床には硫化物が堆積して，チムニー（煙突状柱塊がそびえたち，その先端から350℃程度の黒煙状熱水（スモーカー）が毎秒1～5mの速度で噴出している）が形成されている

(c) 海底の沈殿物—高圧下の暗黒の世界—

図3.9　海底鉱物資源—熱水性鉱床が作り出す海底資源—（その2）
（左巻，「おいしい水 安全な水」，日本実業出版社（2000），日本水路協会のホームページより作成）

帯電話やパソコンなどで用いられるリチウム2次電池用の原料や，飛行機などに用いられるアルミニウム軽合金の材料として期待されている。リチウム電池が電気自動車用の電源に利用されるようになると，需要の増加が予測される。ウランは海水1L中に約3×10^{-6}g溶けている。原子力発電の今後の動向によるが，海水からのウランの採取も実用化される可能性がある（図3.8）。

　海からは食塩のほかに鉱物を得ている。現在でも，海底火山活動がみられる中央海嶺（大洋の中央付近にある海底山脈）や火山性列島の周辺海域では熱水性鉱床ができている。数百℃に熱せられた熱水が海底の割れ目から噴出しているが，その熱水には金属の硫化物や硫酸塩が含まれており，噴出孔の周辺に鉛，

亜鉛，銅，金，銀など有用金属の沈殿物が堆積しているところがある（図3.9）。

海底の火山活動や熱水により海水に溶け出したマンガンや鉄が海水中の酸素により酸化物となって海底に沈殿し，黒褐色で直径1～10 cm程度のじゃがいものような塊（球状，楕円形）として堆積したマンガン団塊（主成分はマンガン，鉄など。微量の銅，ニッケル，コバルトも含まれる）が発見されている。海水中の重金属元素，特にマンガンや鉄などが岩石上に黒い板状の酸化物として沈殿し，コバルトを1%以上含むコバルトリッチマンガンクラスト（海山を作る岩石の上に厚い板状にマンガンや鉄などが酸化物として沈殿したもの。コバルトが1%以上含んでいるものもある）も水深が1,000～2,500 mの範囲にある海山の頂上や山腹に分布していることがわかっている。

1-7　ハイドレート―深い海底に眠る新しい資源とは―

太平洋や大西洋の沿岸部の比較的水深の深い大陸斜面の海底下に，メタンなどが低温のため水分子が作る格子状の構造の結晶の中に閉じ込められて層状に分布しているのが発見され，海底資源として注目されている（図3.10）。メタンハイドレートは気体包接水和物（ガスハイドレート）の一種である。メタンなど比較的小さい疎水性物質の分子が，水素結合により水分子が作る3次元構造の隙間に入り込むかたちで溶け込む。低温，高圧の状態では特殊な形の結晶（12面体，14面体）になり，それがハイドレートである（第2章3.6参照）。メタンハイドレートは，現在までに発見された全世界の天然ガス，原油，石炭などを合わせた総埋蔵量の2倍以上あるといわれている。しかし，実際にエネルギー資源として利用するには，効率のよい採掘法，周囲の海底や地層の環境に対する影響など問題がある。

メタンに限らず，二酸化炭素，窒素，酸素，その他数多くの分子も水の存在とそれぞれの固有の温度と圧力でハイドレートを生成する。

1-8　二酸化炭素の海洋隔離―地球温暖化の解決策になるのか？―

海洋はもともと大気の二酸化炭素を吸収・排出する能力を持っている。水温による溶解度の変化のほかに，植物プランクトンが光合成の際に海水中に溶け

図3.10 メタンハイドレートの分布―うまく取り出せればエネルギー事情が一変する？―
(日本海水学会（編），「おもしろい海・気になる海Q&A」，工業調査会（2004）より作成)

［発見場所］地図上の点で示される。

- 水深1,000～2,000mの海底の堆積物中に埋もれている。大陸棚に近い海底に多く発見されている
- ホスト（水分子でできたカゴ）の中に，ゲスト（メタン分子）が閉じ込められてできた固体結晶
- 海底の堆積層の中に含まれる有機物が，微生物によって嫌気状態で分解されたり（生物分解起源）地熱に温められて（熱分解起源）メタンが生成する。そのメタンが水のあるところに集まり，メタンハイドレートができたと考えられる
- メタンハイドレートは，1気圧のもとでは－80℃以下という低温の中でなければ存在できない。また，0℃のもとでは，23気圧以上という高い圧力にしなければできない。低い温度と高い圧力，すなわち，「低温高圧」が必要である

込んでいる二酸化炭素を消費したり，珊瑚や貝類が骨格や殻を作る材料として消費するために，大気中の二酸化炭素を吸収することにより温室効果ガスの削減に貢献している。ただし，最近の地球温暖化で海洋の吸収能力が著しく低下しているという報告もある。

自然に海洋がCO_2を吸収するのではなく，人工的にCO_2を海洋深くに吸収させるあるいは封じ込めようという技術の検討も行われている（図3.11）。CO_2の海洋隔離は地中隔離とともにCO_2の貯留技術の選択肢の一つとされている。

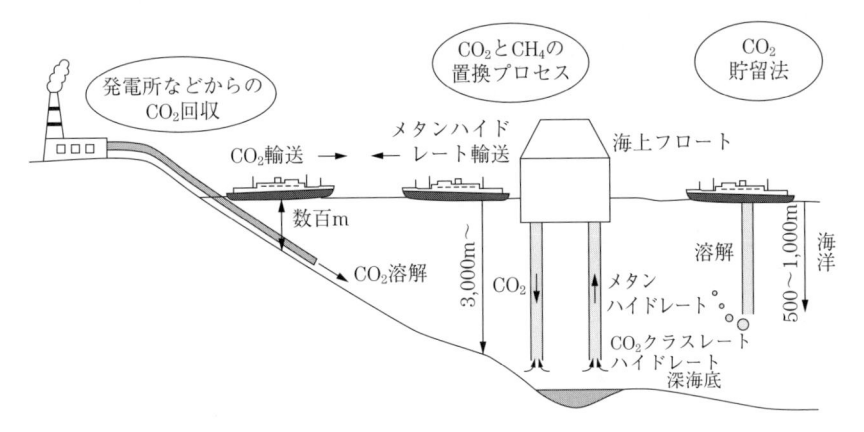

図 3.11　二酸化炭素の海洋隔離─本当に CO_2 を海洋に閉じ込められる？─

発電所や工場から排出される CO_2 を海面から数百 m のところに気体として吹き込み溶解させる（海面近くの海水は大気中の CO_2 で飽和されているが，深いところの海水は溶けている量が少ないためまだ溶解する能力を持っており，さらに温度が低いので溶解度が高く，より CO_2 ガスを溶かすことができる），あるいは液化した CO_2 を数千 m の深さのところに放出するなどの方法が提案されている。図 3.3 に示したように深層海洋水の循環は非常に遅く，放出された CO_2 が海面に出てくるのには 500 年程度はかかるので，地球温暖化の進行を遅らせその間に排出量削減を実現しようというある意味一時凌ぎのアイディアである。地球温暖化の原因である二酸化炭素を海底に固定化（隔離）する方法として，ハイドレートを生成させてエネルギー源として使えるメタンハイドレートと置換しようという研究もある。CO_2 の大気中濃度を増加させずに水素エネルギーを利用するプロセスと考えられている（CO_2 とメタンは炭素分が 1 対 1 のモル比で置換されれば，$CH_4 + O_2 \rightarrow CO_2 + 2H_2$ により水素が得られる）。海底地下でメタンハイドレートが存在する温度・圧力では，二酸化炭素は容易に二酸化炭素ハイドレートを生成する。二酸化炭素ハイドレートの生成は発熱反応なので，その熱でメタンハイドレートを分解し置換しようというのがアイディアである。

1-9　海洋温度差発電・波力発電・潮汐発電
　―海洋は巨大なエネルギー源である―

　地球表面積の70.8%を占める海は，巨大なエネルギー源（表3.6）でもある。特に，海に囲まれた日本では有望なエネルギー源である。そこで，波や潮汐の運動エネルギー，海洋の表面と深海の温度差など，海が本来持つ潜在的なエネルギーを活用しようと，海洋発電の研究が進められている。

1）波力発電―波のエネルギーを電気エネルギーに変える―
　波力発電は波による海面の上下動を利用して電気エネルギーを作り出す発電方法である。図3.12に示すように底面が開いた箱状の構造物を海上に設置する。波の力で空気室の空気が通気口から吹き出し，その力でタービンの羽根を回し発電する。つまり，波力発電では，波が上下する力で空気の流れを作り，この空気の流れでタービン（羽根車）を回し発電するのである。波の上下動により空気の流れ方向が変わるが，特殊なタービンを用いることにより空気の流れ方向が変わってもタービンは同じ方向に回るようになっている。

2）温度差発電―表層と深層の温度を利用して電気エネルギーを作る―
　太陽の熱によって海の表面付近は暖められているが，海の深いところ（深さ

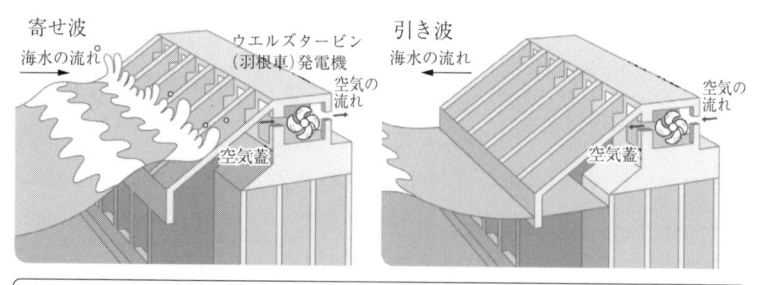

風によって起こる波のエネルギーを1次変換装置により空気の運動エネルギーに変換する。空気エネルギーを用いて2次変換装置のタービンを回すことで電気エネルギーに変換する（発電する）

図3.12　波力を利用した発電

表 3.6 海洋が生み出すエネルギー

エネルギーの種類	海洋物理・化学量	潜在資源量 $[10^{12}W]$	形態と特徴	エネルギー変換方式	規 模
海 流	流速（ベクトル）（流量）	0.05	機械エネルギー 定常流 時間変動	1. プロペラ方式, 2. サボニウスローター方式, 3. 全流向縦軸型方式, 4. セール・キャノピー, 5. 電磁流体力学的方式	5,000 〜 20,000 kW
波 浪	波高・周期	2.7	機械エネルギー 非定常 時間・エネルギー変動	1. 空気タービン方式, 2. 垂直振動式, 3. カム方式, 4. イカダ振動方式, 5. 水圧変動利用	2,000 kW
温度差	表層温度（0〜30 m）深層温度（500〜1,000 m）（水塊）	2.0	熱エネルギー 定常 季節変動	1. クローズドランキンサイクル, 2. オープンサイクル, 3. ニチノールエンジン, 4. 熱電変換, 5. ハイブリッド, 6. ミスト	10,000 〜 400,000 kW
潮 汐	潮位（流量）	0.03	位置エネルギー 定常	1. 水力タービン, 2. 人工共振	240,000 kW
塩分濃度差	河口海側塩分濃度 淡水側塩分濃度（流量）	2.6	化学エネルギー 定常 濃度・流量の時間変動	1. 蒸透圧利用, 2. 浸透圧差, 3. 濃淡電池, 4. メカノケミカル	1,000 〜 200,000 kW

（日本海水学会, ソルト・サイエンス研究財団（編），「海水の科学と工業」, 東海大学出版会（1994）より作成）

海洋エネルギーの特徴：
　再生可能なエネルギー（化石燃料とは違い再生可能である）
　クリーンエネルギー（二酸化炭素やNO_xの発生がほとんどない）
　地理的偏在がない（使える地域が偏っていない）
　エネルギー変換効率が低い（化石燃料に比べ電気エネルギーへの変換効率が低い）

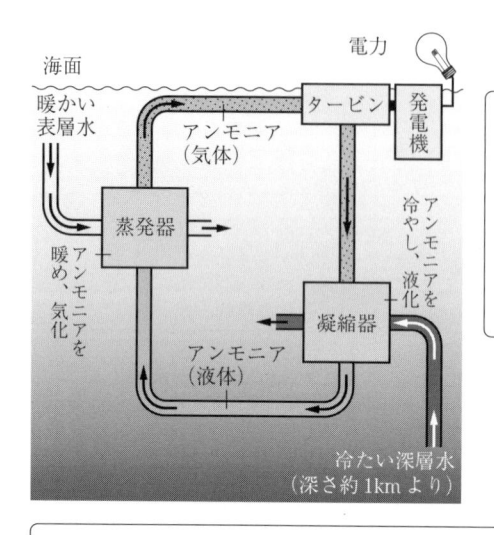

1. 蒸発器で液体のアンモニアを表層の温海水により暖めてアンモニア蒸気にする
2. アンモニア蒸気はタービンを回転させて，連結した発電機により電気を発生させる
3. 凝縮器で冷たい深層の冷海水によりアンモニア蒸気を凝縮し，アンモニアを液体に戻す

海洋温度差発電も有望な技術である。海洋の表面と深海では大きな温度差がある。そこでアンモニアなどの常温常圧で気体となる媒体を，深層の冷海水で冷却・圧縮し，これを海表面の温海水で気化させ，その蒸気でタービンを回す。気化した媒体は深層の冷海水で液化されるサイクル

図 3.13 海洋の温度差を利用した発電
（上原，化学工学，71, 305（2007）より作成）

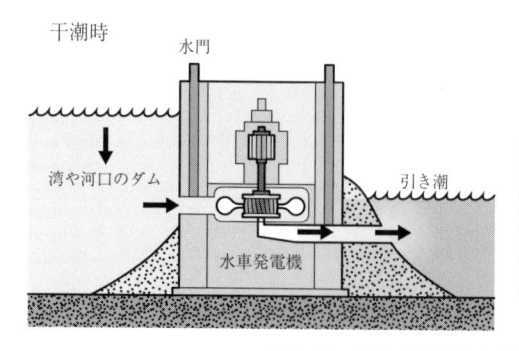

湾や河口にダムを作り，そのダムに満潮時に海水をためて水門を閉める。干潮時にダムの水門を開けて水車発電機を回し発電する

図 3.14 潮汐を利用した発電

数百 m のところ）までは太陽の熱が伝わらず，温度は年間を通してほぼ一定である。海洋温度差発電は，海洋の表面と深海の大きな温度差を利用して，この温度差を電気エネルギーに変換するシステムである。海洋の表層部の温海水（20～30℃）と深層部（約 800 m より深い場所）の冷海水（5～10℃）との間には約 10～25℃ の温度差がある。この海洋に蓄えられた熱エネルギー（海洋温度差エネルギー）を，電気エネルギーに変換する発電システムが海洋温度差発電である。アンモニアなどの気化しやすい作動流体を熱の交換媒体に用い，暖かい海水で蒸発させてタービンを回し，冷たい海水で元の状態に戻すという原理で発電する（図 3.13）。

3）潮汐発電—潮の満引きを電気エネルギーに変える—

　潮汐発電は潮の干満を利用した一種の水力発電である。月や太陽などの引力によって，ふつう 1 日にほぼ 2 回の干満のあることはよく知られている。ただし，地球の自転や海底地形の影響を受けるため，潮汐の大きさ（潮位差）はどこでも一定ではない。潮汐発電は湾を堤防で締め切って，湾の内側と外側の落差の大きい時間帯にその落差を利用して発電を行うのである。これは湾や河口に巨大なダムを作り，満潮時には貯水池に流れ込む海水の力でタービンを回し，逆に干潮時には貯水池の海水を海へ放流してタービンを回すものである（図 3.14）。潮の干満の差が大きくないと難しいが，すでにフランスでは，最大出力 24 万 kW の発電所が実用化されている。

1-10　地熱発電：水蒸気と熱水—クリーンな国産エネルギーがある—

　地球の中心部の温度は 5,000～6,000℃ あると考えられており，地球は中からたえず暖められている。このような地球内部の熱を地熱という。火山周辺にはマグマだまりを熱源とした高温な地熱地帯がある。この地熱は多目的な利用が可能なエネルギーである（図 3.15）。発電以外にも，暖房，施設園芸，浴用など各温度段階でさまざまな利用方法がある。いわゆる地熱の直接利用である。地熱を利用した発電には水蒸気や熱水が熱媒体として重要な働きをしている。
　生産井と呼ばれる井戸を使って，地熱貯留層から蒸気を生産する（図 3.16）。

94　第3章　機能水

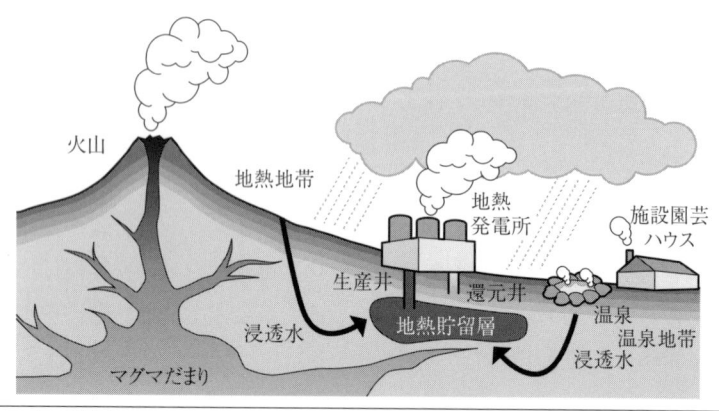

> **マグマだまり：**
> 火山地帯の地下数～十数kmで，1,000℃以上もの温度になって岩がドロドロに溶けているところ。このマグマだまりは多量の熱を放出し，その周辺に高温の地熱地帯を形成する

(a) 地熱の利用—マグマからの熱エネルギー—

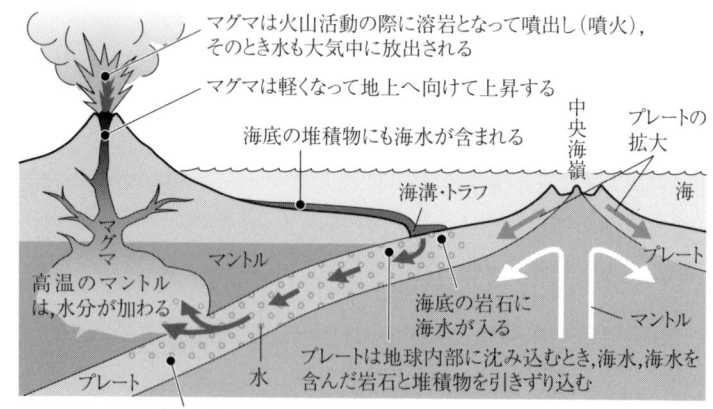

> マグマは深さ100km程度のところで生成する。マントルからの熱により岩石や堆積物が水を放出する。その水が沈み込んだプレートより上にあるマントルに流入して高温高圧の状態で溶け込む

(b) 地熱の供給源であるマグマの生成と水の関わり
　　（地球内部の構造と水：マントルからマグマへ）

図 3.15　地熱エネルギーの利用—水蒸気と熱水が取り出す地熱エネルギー—（その1）

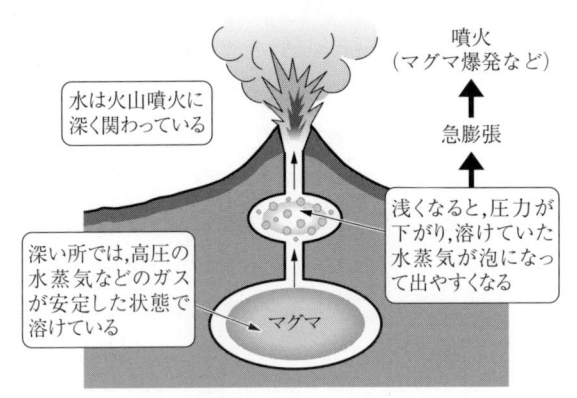

(c) マグマの水蒸気爆発（火山の噴火）

図 3.15　地熱エネルギーの利用—水蒸気と熱水が取り出す地熱エネルギー—（その2）
（上田（監），「図解雑学 水の科学」，ナツメ社（2001）より作成）

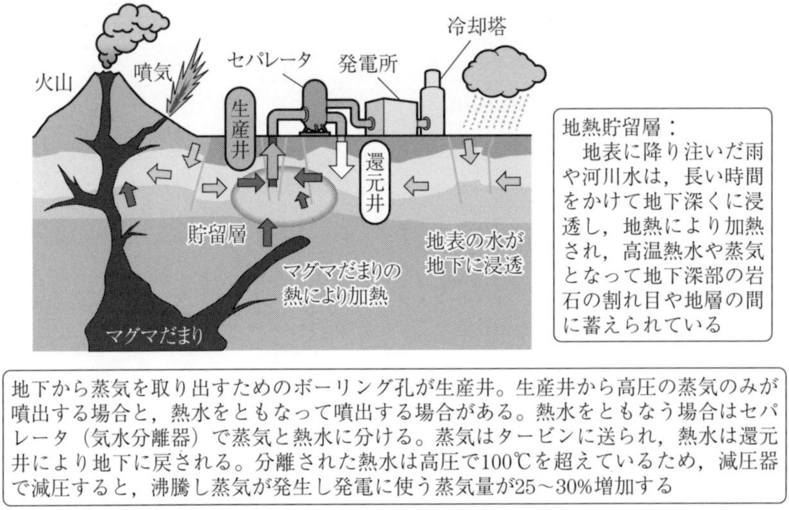

地下から蒸気を取り出すためのボーリング孔が生産井。生産井から高圧の蒸気のみが噴出する場合と，熱水をともなって噴出する場合がある。熱水をともなう場合はセパレータ（気水分離器）で蒸気と熱水に分ける。蒸気はタービンに送られ，熱水は還元井により地下に戻される。分離された熱水は高圧で100℃を超えているため，減圧器で減圧すると，沸騰し蒸気が発生し発電に使う蒸気量が25～30%増加する

図 3.16　地熱を利用した発電—クリーンな自前のエネルギー—

このとき蒸気と一緒に熱水も噴出するため，セパレータと呼ばれる設備を使って蒸気と熱水に分離する．分離した蒸気は蒸気輸送管を通って発電所に送られ，タービンを回して電気を作る．一方，熱水は還元井により地下深部へふたたび戻す．地熱発電は火力発電に比べ単位発電量あたりの二酸化炭素排出量が約 1/20 と少ないため，地球にやさしいクリーンエネルギーとして注目されている（図 3.17）．地熱は，エネルギー資源にめぐまれない日本にとって，水力とともに純国産で供給の安定性の高い再生可能な貴重なエネルギー資源である．

地熱エネルギーとは，地球の誕生以来，地球の内部で生成され，蓄積されてきた熱エネルギーである．これは，地表近くでは，たとえば，火山活動や温泉などで地下から放出されている．地熱資源とは，深さ約 3 km 程度ぐらいまでの，比較的地表に近い場所に蓄えられた地熱エネルギーを資源として利用する．これには，地熱発電のほか，温泉（浴用），暖房・熱水利用（家庭用，農業用，工業用）といった用途がある．

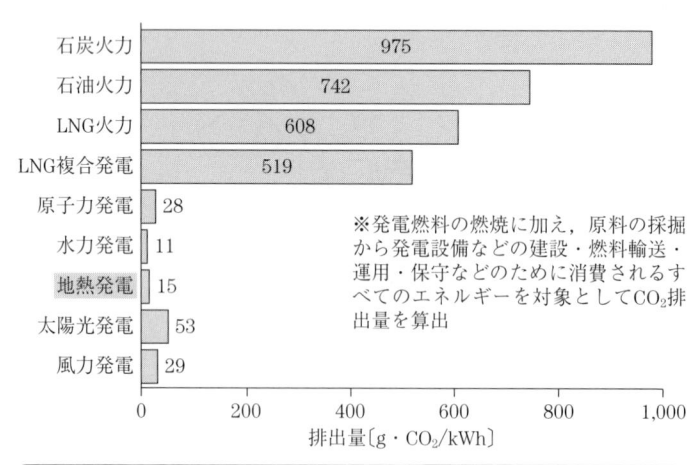

発電種類	排出量 [g・CO_2/kWh]
石炭火力	975
石油火力	742
LNG火力	608
LNG複合発電	519
原子力発電	28
水力発電	11
地熱発電	15
太陽光発電	53
風力発電	29

※発電燃料の燃焼に加え，原料の採掘から発電設備などの建設・燃料輸送・運用・保守などのために消費されるすべてのエネルギーを対象としてCO_2排出量を算出

地熱発電は火力発電に比べて，同じ電力量を発電する際の炭酸ガス排出量がはるかに少ないので，地球温暖化の防止対策として効果的であり，再生可能な地球にやさしいエネルギーである

図 3.17 発電の種類による CO_2 の排出量—温室効果ガスの CO_2 を排出しないクリーンな発電はどれ？—

（石原，「ズバリとわかる！ 知っておきたい水のすべて」，インデックスコミュニケーションズ（2004）より）

現在の日本の地熱発電所は，雨水などが地熱により加熱されて高温の熱水として地下に貯えられたものを取り出し，この地熱水を蒸気と熱水に分け，熱水は地下に戻して蒸気だけをタービンの動力に利用する蒸気発電方式である。地熱発電の方式には，そのほかに熱水を有効利用するバイナリーサイクル発電（マグマの温度が低く水蒸気が発生しない場合は，引き上げた温水・熱水で水よりも沸点が低い液体を沸騰させてタービンを回して発電する方式）がある。

日本では18カ所で地熱発電が行われており，その設備容量の総計は50万kWを超えている。世界では，約20カ国で地熱発電が行われている。その総計は約800万kWとなっており，現在も各国で建設が進められている。地熱は無尽蔵ともいえる，他国の資源に頼らない国産のクリーンエネルギーである。

1-11 高温岩体・マグマ—熱エネルギーを水の気化を利用して取り出す—

地上より水を高温の岩体に注水し，蒸気として取り出す高温岩体発電やマグマ発電が将来のエネルギー源として検討されている（図3.18）。地下に熱源があり，高温の蒸気や熱水が貯留されている状態があれば，井戸を作ることによって自然に吹き出し，地上でタービンを回して発電できる。しかし，熱源はあるが貯留層と水分がないところは結構ある。この場合の熱資源を高温岩体という。高温岩体発電システムはこれを利用して発電させようというものである。水圧破砕（井戸を掘り地上から水を入れ，その水圧によって岩石を破砕）により高温岩体に割れ目を作り，それを貯留層にする。井戸（注入井）から水を入れ，高温岩体の熱によって作られた蒸気を別の井戸（生産井）から回収し，発電に利用する。発電後，コンデンサで冷された水はまた注入井から地下に入れ，循環させる。

1-12 温泉—古くから利用してきた地熱エネルギーでリラックス—

温泉の定義は，Na^+，K^+，Ca^{2+}，Mg^{2+}などの陽イオンやSO_4^{2-}，Cl^-，HCO_3^-などの陰イオンの総量が1 g/L以上含まれる天然の温かい（一般に25℃以上）ミネラル水と規定されている。マグマに近い層を通って地殻に出てきた地下水で，鉱物質などを規定量以上含んでいる温度の高いものを温泉という。温泉の

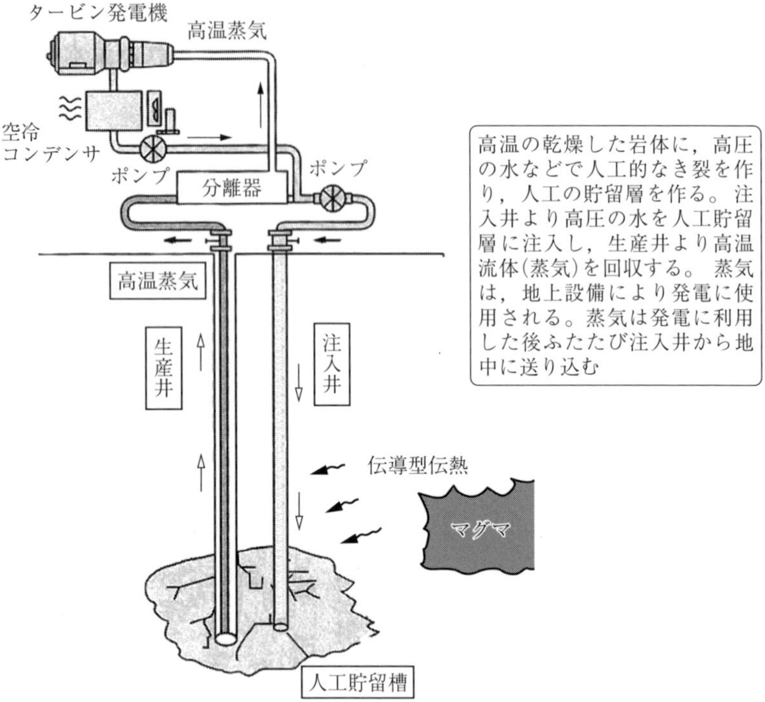
タービン発電機
高温蒸気
空冷
コンデンサ
ポンプ
分離器
ポンプ
高温の乾燥した岩体に，高圧の水などで人工的なき裂を作り，人工の貯留層を作る。注入井より高圧の水を人工貯留層に注入し，生産井より高温流体(蒸気)を回収する。蒸気は，地上設備により発電に使用される。蒸気は発電に利用した後ふたたび注入井から地中に送り込む
高温蒸気
生産井
注入井
伝導型伝熱
マグマ
人工貯留槽

図 3.18　高温岩体発電

成因についてはいくつか説がある。

古くから関節疾患や皮膚疾患などの治療に温泉は有効であるとされてきた。温泉に浸かることで新陳代謝が良くなり，リラックス効果も得られ，飲用することでも薬効が期待できる。温泉の生体作用としては，物理作用（温熱作用，静水圧，浮力，粘性）と薬理作用（温泉中に含まれるガスやイオンなどが体内に吸収されて現れる効果），殺菌作用，統合的生体調節作用がある。

温熱作用については，42℃ 以上の熱い湯による高温浴の場合，交感神経を刺激し，身体に興奮的に作用するので，低血圧の人や気分をリフレッシュしたいときなどに効果的である。34～37℃ 程度のぬるめの湯の微温浴は，副交感神経を刺激し，身体に鎮静的に作用するため，睡眠前やストレスからの開放に効果的である。お湯に浸かると水圧で血管が圧迫され，約 1.5 倍心臓内の血液

が増加し、横隔膜が押し上げられることで肺の容量が少なくなり呼吸数が増加する。この水圧作用により心肺機能が強化される。温泉は水よりも大きな浮力を得ることができるので、浮力作用により足腰や関節の負担が少なくなり運動機能に障害のある人も無理なく運動することができる。

温泉は場所や源泉によって、さまざまな成分が含まれている。温泉水はおもな成分によって分類されている（**表 3.7**）。

表 3.7 代表的な温泉の種類と効能―薬効より精神的リラックスが効く？―

泉質	特　性	効能（適応症）	代表的な温泉
単純温泉	温泉水 1 kg 中に溶存物質量が 1 g 未満のもので、体に対する刺激が少ない肌にもやさしい温泉	一般的適応症	箱根湯本（神奈川） 川治（栃木） 伊豆長岡（静岡） 鹿教湯（長野）
硫酸塩泉	硫酸イオンを主成分とする温泉	一般的適応症、切り傷、火傷、動脈硬化症、慢性皮膚病など	山代（石川） 浅虫（青森）
硫黄泉	温泉水 1 kg 中に総硫黄が 1 mg 以上含まれる温泉。刺激の強い泉質なので、皮膚の弱い人、乾燥肌の人には向かない	一般的適応症、慢性皮膚病、高血圧、動脈硬化、慢性婦人病、切り傷、糖尿病など	万座（群馬） 草津（群馬） 野沢（長野）
鉄　泉	温泉水 1 kg 中に総鉄イオンが 20 mg 以上含まれる温泉強酸性の鉄泉は乾燥肌の人には向かない	一般的適応症、貧血、月経障害など	伊香保（群馬） 蔵王（山形）
酸性泉	温泉水 1 kg 中に水素イオンが 1 mg 以上含まれる温泉。刺激が強く、湯ただれを起こすこともある。高齢者や乾燥肌の人には向かない	一般的適応症、慢性皮膚病、月経障害など	川湯（北海道） 酸ヶ湯（青森） 玉川（秋田）
放射能泉	「ラジウム泉」とも呼ばれ、微量の放射能が含まれているが、心配はない。無色透明の湯で、リラックス効果がある	一般的適応症、高血圧症、慢性婦人疾患など	三朝（鳥取） 栃尾又（新潟）

一般的適応症：神経痛、筋肉痛、関節痛、くじき、慢性消化器病、痔疾、冷え性、疲労回復など

温泉法によると、湧き出している水の温度が 25℃ 以上ある、温度が 25℃ 未満でも水 1 kg 中に溶け込んでいるさまざまな物質の合計が 1 g 以上ある、温度が 25℃ 未満でかつ水 1 kg 中に溶け込んでいる物質の合計が 1 g 未満でも特定の物質が規定の量以上含んでいる（たとえば、二酸化炭素が 0.25 g、硫黄が 0.001 g など）のいずれかの条件を満たしていれば天然温泉と呼ぶ

1-13 水力発電—水の位置エネルギーを利用した発電—

水力発電とは，水が高い所から低い所へ流れ落ちる力（位置エネルギー）を利用して水車を回し，水車に連結された発電機を回転させ発電する方法である（図3.19）。日本では山間の渓谷に数多くのダムがあり，これらのダムは洪水調節や渇水に備えて水を貯めるという目的のほかに少しずつ水を流して水力発電に利用されている。ダムに貯められた水は，取水口から導水管を通り，発電機と直結した水車を回す。電気は発電所の変圧器で高い電圧にされて電力消費地へ送られる。

日本では，かつては水力発電が電力供給の中心的役割を担っていたが，今日では火力発電や原子力発電による割合が高くなり，水力発電は全体発電量の9%程度となっている。

水力発電には利用の仕方や構造の違いなどにより，さまざまな種類がある。水の利用による分類では，流れ込み式（自流式。川の自然の流れをそのまま利用して発電する方法。水を貯めないため，川の流れにより，発電量が変動する），貯水池式（川の水をダムで貯めてから，必要なときに利用して発電する方法。雪どけ，梅雨，台風時に水を貯めて，渇水時や昼間の電力使用の多い時

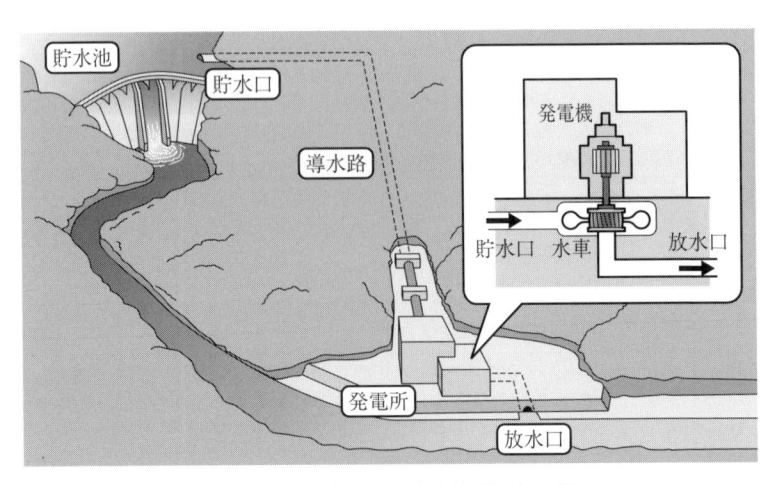

図3.19 水力を利用した発電（貯水池式）

1 自然による機能化　101

間帯に利用する），揚水式（発電所の上下に貯水池を設け，上部の貯水池より流して発電した水を下部の貯水池に溜め，電気の使用量が少ない夜間に下部の貯水池から上部の貯水池へと汲み上げて昼間の電気の使用量が多いときに再利用する方式）がある．

1-14　太陽光温水器—水を使って太陽エネルギーを利用する—

太陽熱により水を暖める太陽熱温水器は，受光した太陽光エネルギーの50%以上を熱として利用することができる．建物の屋根の上に設置した集熱器により太陽熱を集めて温水を作り，お風呂や給湯などに使われている（図3.20）．強制循環器を使用するシステム（ソーラーシステム）を用いると，温水を循環させて床暖房などにも利用できる．

図3.20　太陽光温水器—ポンプで温水を循環させるソーラーシステム—

1-15　ナチュラルウォーター　—自然が作り出す
　　　　ミネラルが溶け込んだ恵みの水—

日本農林規格「ミネラルウォーター類の品質表示ガイドライン」では，ミネラルウォーター類をおもに原水の種類と処理方法により4区分（ナチュラルウォーター，ナチュラルミネラルウォーター，ミネラルウォーター，ボトルドウ

表3.8 ミネラルウォーターの分類（ミネラルウォーターの表示法による）
―まぎらわしい分類―

ナチュラルウォーター	特定水源から採取した地下水で，沈殿，沪過，加熱殺菌のいずれかの処理をしたもの
ナチュラルミネラルウォーター	ナチュラルウォーターの中で，地下に滞留あるいは移流中に地層のミネラル（カルシウム，マグネシウム）が溶けたもの（鉱水，鉱泉水など）
ミネラルウォーター	地下水に人工的にミネラル分を添加したもの
ボトルドウォーター	地下水ではないが，蒸留水やミネラルを添加したもの

ォーター）に分けている（表3.8）。ミネラルウォーターのうち本当に自然が作り出した水はナチュラルウォーターとナチュラルミネラルウォーターであり，ボトルウォーターはまったく人工的なのでナチュラルウォーターではない。

　水に含まれるミネラルは，地上に降り注いだ雨が川を流れ，地下に浸透する過程で接する岩石や鉱物，土壌などの成分が溶けたものである。岩石や鉱物に接触する時間が長いほどミネラル分の多い水になる。雨水が地中を浸透する過程で，土壌が水に含まれている不純物や汚れを沪過し，また土壌中の微生物が有機物などを分解する。このように浄化されながら水は地下深く浸透し，地下水として蓄えられる。地下水はゆっくり流れ地層に含まれるミネラル分を溶かし込む。日本は地形が急であるため，水はすぐに海に流れ出てしまうために岩石や鉱物に接触する時間は短く，また日本の土壌には鉱物が少ないため，地下水はヨーロッパなどに比べミネラル成分はかなり少ない。ミネラルウォーターは，消毒のために塩素が入っている水道水と違いほぼ無臭である。

　おいしい水の硬度は10～100 mg/Lといわれている（第1章3-2参照）。外国のミネラルウォーターの硬度はかなり高い。塩素消毒していないと，残留塩素がないためカルキ臭がしないのでその分おいしいが，雑菌が入って繁殖しやすいため長期保存はできない。ミネラルウォーター類の場合，原水が一般生菌100 CFU/mL以下（CFU［Colony Forming Unit］は細菌検査の結果に使われる単位。培地で培養した菌が作る集団［コロニー］の数を表す），大腸菌群などの有害微生物に汚染されていない，カドミウム，水銀，ヒ素などの有害重金属を含まないなどの基準に適合していなければならない。

海洋深層水から飲料水を作った場合，日本農林規格ではナチュラルウォーター，ナチュラルミネラルウォーター，ミネラルウォーターの原水は地下水と限定されているため，ボトルドウォーターとなる。また，食品衛生法に適合するには原水が有害微生物や有害物質などに汚染されていない海水でなければならない。

2 人工的な機能水―意図的に活性化した機能水―

　人類にとって水は不可欠であるが，水資源は無限ではなく限られている。わが国は水資源に比較的恵まれているが，2025年には世界人口の約40%が深刻な水不足に直面するともいわれている。水資源と考えられる淡水はごく一部分で，その内実際に利用できる淡水は，直接の雨水を除くと，河川の水と地下水の一部で地球上の水の0.8%程度でしかない。世界の水資源の約7割が農業用水として使われ，残りの3割が生活用水と工業用水である（図3.21）。

　開発途上国の急激な工業化と都市化により，今後工業用水と飲料水が不足すると予測されている。また，工場の排水や家庭排水に含まれる有害物質が河川や地下水を汚染しており，安全な水の確保が重要課題になっている。上水道用水としては，病原菌や毒物を含まない，異常な酸性やアルカリ性を示さない，無色透明で異臭などがないなどの条件が要求される。昔は清水をそのまま飲料水に利用できたが，人間活動により河川，湖沼，地下水が汚染されているため浄水処理しなければ飲料水として利用できない状況になっている。

　各種産業では大量の水に使用されているが，使用目的によっては水に含まれている不純物を除去する必要がある（表3.9）。たとえば，ボイラ用水は湯垢がつかないように高い純度が要求され，食品などの原料用水には上水道と同じ基準の水が要求される。冷却用水になると要求純度はぐっと落ちて，場合によっては海水が使われる。原水から超純水までそれぞれの用途に合った広い水質範囲の水が使用されている。原水を使用目的に合致した水質にする処理をすればそれだけ水の値段は高くなる（第1章3-3参照）。表3.10に，水に含まれる

104　第3章　機能水

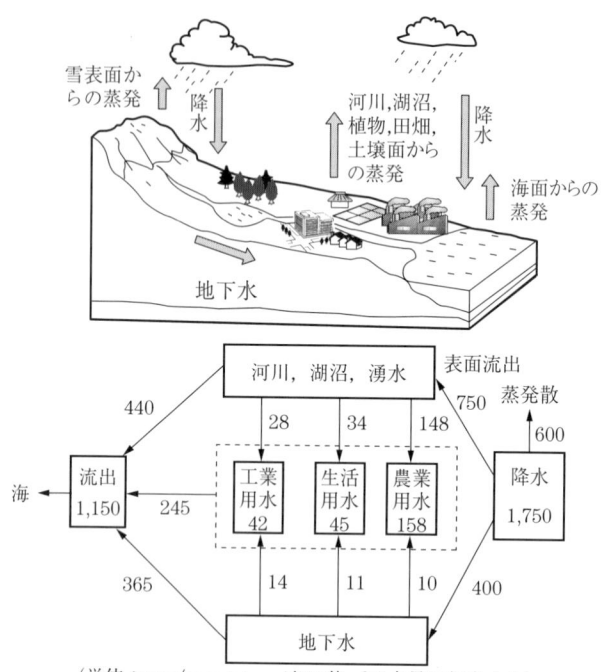

（単位：mm/year；1mmは3.7億m³の水量に相当する）

都市用水（生活用水と工業用水）などの水源は河川・湖沼などであり，それらの水質の保全が必要である。農業用水の水質監視も必要である

〈生活排水における汚泥源の例〉

食品名	魚（コイ・フナ）が住めるような水に薄める場合に必要な水の量〔L〕
天ぷら油40mL	12,000
コーンスープ180mL	4,600
おでんの汁200mL	4,000
ビールコップ1杯	3,000
牛乳コップ1杯	2,800
ジュースコップ1杯	2,800
ラーメンの汁300mL	1,600
米（3カップ）とぎ汁	1,600
味噌汁180mL	1,400

水質汚染を抑制するには生活排水の管理が必要である。都市部では原水不足になってきている

（平成6年版環境白書より作成）

図3.21　降水と利水の関係―用水の取水量と水源―
（松本，「水環境工学」，朝倉書店（1994）より作成）

表3.9 工業用水とその水質レベル

(a) 各種工業用水の水質

水質のレベル \ おもな産業 / 重要項目	電子工業	製薬，食品，化粧品，病院など	その他の産業
重要項目	抵抗率，微粒子数，TOC，生菌数，溶存酸素，シリカ	パイロジェン，生菌数または特殊な病原菌，ある特定のイオン	特定のイオン，SiO_2，濁度
超純水	IC（超LSI，64K以上）製造，光ファイバ製造用洗浄用水，コンピュータ用磁気ディスク洗浄用水 IC（LSI，16K以下）製造，ブラウン管，トランジスタ，ダイオード，制御型整流素子	注射薬容器の最終洗浄用水，製医薬用ゴム栓洗浄用水	超臨界圧ボイラ，原子力発電用ボイラ用水
純水	IC半導体部品組立て用洗浄水，プリント基板用洗浄水，液晶用基板洗浄用水	注射用蓄留水，ワクチン製造用水，遺伝子工業用水 薬剤用調合用水，実験動物用酸性飲用水，製薬用精製水	合成繊維工業，ファインケミカル（無機，有機）製造用水，高圧ボイラ用水，写真工業用水，カメラ，眼鏡用レンズ洗浄用水，ステンレスの鏡面仕上げ洗浄用水，精密工作物の洗浄用水
低純水		食品加工用水，飲料水製造用	低圧ボイラ用水
原水	市水，井水，河川水，湖水	左に同じ	左に同じ

（パイロジェン：発熱性物質。医薬品，注射剤，あるいは医療器具の洗浄水は，人の体に直接触れたり体内に入り込むため，パイロジェンなど不純物を除去した水が求められる）
（久保田，「おもしろい水のはなし」，日刊工業新聞社（1994）より作成）

(b) 各種水の水質の比較

水種 \ 指標	濁度	電導度・比抵抗	微粒子	生菌	有機物 (TOC)
工業用水	5〜20度	50〜500 μS/cm			1〜15 mg/L
井水	1〜10度	50〜500 μS/cm	10^3 個/mL〜		1〜5 mg/L
水道水	<2度	50〜500 μS/cm	10^3 個/mL〜	<10 個/100 mL	1〜5 mg/L
純水	<1度	0.1〜5 MΩ·cm	10^3 個/mL〜		1〜5 mg/L
注射用水	<1度	>1 MΩ·cm	>10 μm <20 個/mL	<10 個/100 mL	<500 μg/L
超純水	—	>15 MΩ·cm	>0.1 μm <1 個/mL	<1 個/100 ml	<5 μg/L

（栗田工業（監），「これでわかる水処理技術」，工業調査会（2002）より作成）

表 3.10　水に含まれる不純物とそれに起因するトラブル

懸濁物質	濁り，沈積して詰まり，錆などを引き起こす
色	外観上の問題，接触物を着色する
硬度	ボイラ，熱交換器にスケール生成，染色を妨害，石鹸泡立ち不良
アルカリ度	泡立ち，熱交換器蒸気側での腐食
遊離鉱酸	腐食
炭酸ガス	泡立ち，熱交換器蒸気側での腐食
硫酸塩	Caと結合してスケール生成
塩化物	腐食を助長
硝酸塩	飲用としては幼児に悪影響
フッ化物	飲用としては斑状菌生成
シリカ	スケール生成
鉄	着色原因，沈殿物生成，腐食の助長，染色妨害
マンガン	着色原因，沈殿物生成，腐食の助長，染色妨害
油分	外観，臭気，味覚などに悪影響，目詰まり，汚染
有機物	微生物（スライム）発生，外観，臭気，味に悪影響
酸素	腐食
硫化水素	腐食，悪臭
アンモニア	銅，亜鉛の腐食，藻類発生の助長

スケール：給水管内部などに付着する水垢
スライム：粘性の高いゼラチン状の物質。微生物や藻類は水温，水質，日光などの環境条件によっては，冷却水系内で増殖してスライムを形成することがある。熱交換器の能力低下や閉塞の障害を引き起こし，さらに腐食の原因にもなる
（日本材料科学会編，「水利用の最前線」，裳華房（1999）より作成）

表 3.11　水処理に使われている技術

処理順	除去する物質	適用されるおもな処理方法
1	夾雑物（ごみ，厨芥，材木など）	スクリーン，分級器
2	懸濁物質（1～100 μm・浮上性物質）	沈降，浮上，沪過
3	コロイド性物質（1 nm～1 μm）	凝集（フロック）
4	エマルション	凝集，吸着，電気的処理
5	溶存物質	中和，酸化，還元
6	溶存有機物（BOD, COD）	活性汚泥，嫌気処理，生物膜
7	窒素，リン（栄養塩類）	硝化，脱窒，脱リン
8	微量有機物（農薬，有機塩素化合物）	活性炭吸着，塩素酸化，膜処理，促進酸化
9	溶存無機物（Na, Cl, Cd イオンなど）	電気透析，逆浸透，イオン交換
10	バクテリア	膜処理，塩素殺菌，紫外線，オゾン

不純物によるトラブルの例がまとめられている。特に製品処理水あるいは洗浄水の場合は不純物の除去が重要であり，いろいろな処理方法が適用されている（表3.11）。それぞれの用途に適した水質を得るために，種々の処理技術を単独あるいは組み合わせて使用されている。処理法は，物理処理，化学処理，生物処理の3つに大別される。

2-1 水道水—安全な飲み水を作る（原水を活性化により飲料水に変える）—

水道水はまずいといわれている（表3.12）。そのまずい水の原因は，塩素そのものの臭いではなく，塩素と水中に含まれているアンモニアと結合してできた三塩化窒素などの化合物によるものである。上水道には殺菌の目的で多量の塩素が含まれている。塩素は水中に長時間残留する性質があるため，送水中の細菌による再汚染を防ぐことができるのである。オゾン（O_3）の殺菌力は強いが，塩素のように殺菌力は持続しないため，オゾンだけの殺菌では不十分である。現時点での最良案は塩素消毒とオゾン消毒を併用し，さらに水道蛇口で中空糸膜フィルタ（後出2-2参照）を使う方法である。

表3.12 水道水の問題点とその発生源

問題点	問題となる物質	発 生 要 因
異味・異臭	カビ臭，藻臭，生ぐさ臭などを発生する藻類	ダム，湖沼など水源となる水域の富栄養化
消毒副生成物	クロロホルム，ブロモホルムなどのトリハロメタン	浄水工程で使われる塩素と有機物とが反応して発ガン性物質が生成される
化学物質汚染	トリクロロエチレン，テトラクロロエチレンなどの有機化学物質	IT関連工場やクリーニング工場などで使われる溶剤，洗浄剤に含まれ，その排水が原因
農薬汚染	除草剤，殺虫剤，殺菌剤として使われているシマジン，チウラムなどの農薬	田畑，果樹園，ゴルフ場などで使用される農薬が原因。発ガン性や内分泌かく乱作用が問題となる

シマジン：農薬。内分泌かく乱作用を有すると疑われている
チウラム：ジチオカーバメート系の殺菌剤（農薬）。殺菌剤，あるいは鳥に対する忌避剤として農薬などの用途で広く用いられてきた
（岡崎，鈴木，「科学で見なおす 体にいい水・おいしい水」，技報堂出版（2005）より作成）

カビ臭さは藻類から放出される分泌物の影響によるものである。藍藻類のフォルミジウム、アナベナなどと、それを食べる放射菌が出すジメチルイソボルネオールやジオスミンが水のカビ臭や土臭の原因である。

1）浄水場における浄化プロセス—原水を処理して安全な飲料水を作る—
　浄水場では、まず沈砂池で大きな粒子を沈殿させ、次に塩素を注入する（前塩素処理）。ここでの塩素のおもな役割は、原水に含まれているアンモニア（食物中のタンパク質やアミノ酸に窒素が含まれており、排泄により生活排水中のアンモニアとなる。また、肥料や農薬にもアンモニアが含まれており飲料水源を汚染する）を分解することである。ほかに鉄（Fe）、マンガン（Mn）、有機物も処理する。次に、懸濁物質を沈澱しやすくするための薬品（凝集剤：排水中の微粒子は一般にマイナスに帯電している。プラス電荷を持つ水酸化アルミニウムなどの凝集剤を添加すると荷電が中和されて凝集が起こりフロック[小さな塊]が形成され沈澱しやすくなる）を加える。なお、アルミニウム系凝集剤を用いると、飲み水にアルツハイマー病の原因になるともいわれているアルミニウムが残留する危険性があるため、ほかの安全な凝集剤の使用が求められている。懸濁物質を沈殿させた上水（うわみず）は急速沪過池に導き、排

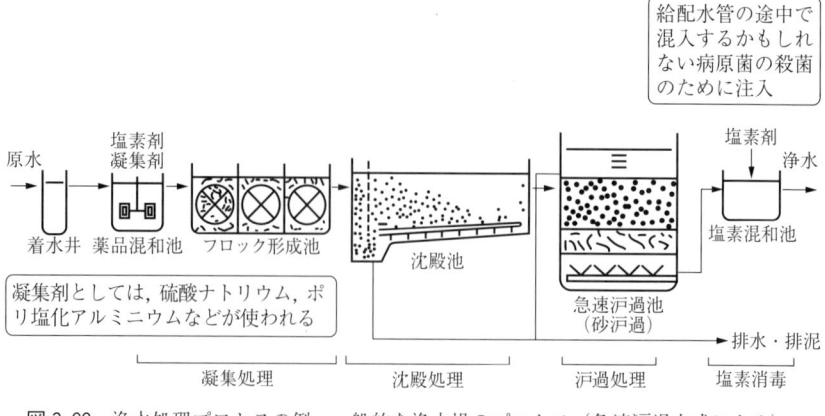

図 3.22　浄水処理プロセスの例——一般的な浄水場のプロセス（急速沪過方式による）—

水の流速が1日120m程度のスピードで沪過する．最後に，ふたたび塩素処理をする．この塩素処理は殺菌が目的である．塩素は細胞膜を破壊することにより内部の細胞液を外に出して殺菌するが，塩素は水に長時間残留する性質がある．この残留塩素は送水中における細菌による再汚染を防止する役割を果たしている．残留塩素は塩素臭やカルキ臭の原因となるので，水道の蛇口で0であることが望ましいが，消毒の観点から0にすることはできない．水道法で水道末端配管における塩素濃度は 0.1 mg/L 以上を保持するように決められている（図 3.22）．

2）緩速沪過と急速沪過—見直されている緩速沪過法—
　浄水場の浄水処理方法には大きく分けて緩速沪過方式と急速沪過方式があり，現在は水の流速が速い急速沪過方式が多い（図 3.23）．
　緩速沪過方式は，大きな池に砂を敷き，原水を1日4〜5mのスピードで沪過する．つまり，水を広い面積の砂層をゆっくり通過させる．砂にはたくさんの微生物が生育しており汚染物質を分解する，いわゆる微生物排水処理法の一つである．最近排水や排ガスの生物処理法の一つとして注目されているバイオフィルタ（砂や多孔質の担体に生物膜を付着させたものやコンポストなどを充填した装置．充填層を流れる流体中に含まれている有機物をフィルタ内の微生物の代謝作用［微生物の増殖の栄養源あるいはエネルギー源として有機物を取り込む］を利用して分解する）の原型である．
　以前は大部分が緩速沪過方式であったが，沪過池に広い面積の土地が必要なため急速沪過方式に取って代わられた．急速沪過方式は緩速沪過方式に必要な敷地面積の 1/30〜1/50 程度で済む．急速沪過方式は微生物の関与がほとんどない物理的な沪過処理であり，汚れが分解されるわけではないため，消毒のために塩素を加えなければならない．近年処理する水の汚れがますますひどくなり，それだけ大量の塩素を加えなければならないため，塩素濃度が高くなり，トリハロメタンが副生成物として生成されるという問題が起きてきた．水道水の塩素処理は殺菌，アンモニアの酸化および鉄・マンガンの酸化除去（水中では Fe^{2+}，Mn^{2+} の形で存在している．鉄は酸化されて $Fe(OH)_3$ として析出する．

110　第3章　機能水

> 砂層に発生する好気性微生物および珪藻などにより原水中の浮遊物は濾過されるとともに有機物やアンモニアは酸化分解される

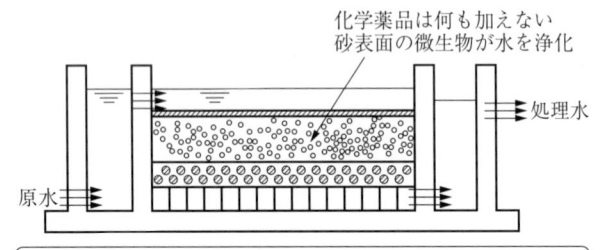

　　　　　　　　　　　　　　化学薬品は何も加えない
　　　　　　　　　　　　　　砂表面の微生物が水を浄化

> 水は砂層を4〜5 m/日のゆっくりした速度で浸透していく。砂層に微生物が生育し，病原菌などを除去してくれる。高度の汚染を受けていない原水であれば，有機物，アンモニア性窒素，臭気などさまざまな汚染物質をよく除去できる

　　　(a) 緩速濾過方式―生物処理，濾過，沈殿，酸化が複合した浄化―

> 濾材である砂粒子の表面に浮遊物が吸着し，さらにそこに浮遊物が付着凝集することにより濾過する

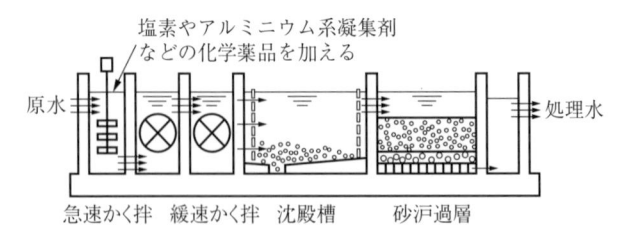

　　　　　　　　　塩素やアルミニウム系凝集剤
　　　　　　　　　などの化学薬品を加える

　　　急速かく拌　緩速かく拌　沈殿槽　　砂濾過層

> 原水に硫酸アルミニウム（硫酸バンド）やポリ塩化アルミニウムを添加して粗粒の沈殿物を凝集させて強制的に沈殿させる。浄化時間が大幅に短縮されるが，細菌や水をまずくする物質を除去できない。生物分解は原則的に期待できない。凝集と沈殿，濾過という化学処理と物理処理が中心である

　　　(b) 急速濾過方式―物理処理と化学処理による浄化―

　　　　　図3.23　緩速濾過方式と急速濾過方式（その1）

(c) 緩速沪過方式と急速沪過方式の比較

項　目		緩速沪過	急速沪過
沪過池構造	沪材有効径 均 等 係 数 砂 層 厚 沪 過 速 度	0.3～0.45mm 2.0～2.5以下 70～90cm 4～5m/日	0.45～0.70mm 1.7以下 60～70cm 100～150m/日
砂沪過層の再生		表面(生物膜の存在する厚さ1～2cmの部分)のかきとりを1～2か月に1回行う。30回以上のかきとりが砂の補充なしに行えるように砂層厚が決められている。かきとり後，生物膜形成までの間，浄化能力はない	逆流洗浄を0.5～1日に1回行う。数分間沪過の下から浄水を逆流させて砂層を流動させて洗浄する。通常，表面洗浄と組み合わせて行われる
浄化機構		沪層表面付近に生育した生物膜による吸着，生物化学作用が中心とされるが，沪層内部に生息する微生物も浄化に寄与する	凝集沈殿後の残留フロックの沪材への接着，凝集。砂層の全体で沪過が行われる(深層沪過)。必ず凝集沈殿と組み合わせて行う
問題点		溶存酸素が必要であり，好気性生物膜が形成しえないような汚濁した原水には無力。広い面積と人手を要する	濁質には大きな除去能力を有するが，それ以外のものには不十分である

図 3.23　緩速沪過方式と急速沪過方式（その 2）
(和田,「飲料水を考える」, 地人書館（2000），森澤（編），「生活水資源の循環技術」，コロナ社（2005）より作成)

マンガンは塩素酸化と他のステップを経て $MnO_2 \cdot H_2O$ として析出させて除去する）のために行われている。しかし，水道水源に含まれる有機物と過剰塩素が反応して有害なトリハロメタンが副生する。そのため，緩速沪過方式を見直す動きもある。

3）高度浄水処理—ますます汚染が進んだ状況ではさらなる処理が必要—

原水の汚れがひどいところでは，一般的な処理ではなく高度浄水処理が行われるようになっている。高度処理は，通常の浄水処理プロセス（図 3.22）に追加して行われる。代表的な高度処理の方法としては，オゾン処理，活性炭吸着処理，生物処理，膜処理，紫外線処理などを組み合わせた処理プロセスである（図 3.24）。

112　第3章　機能水

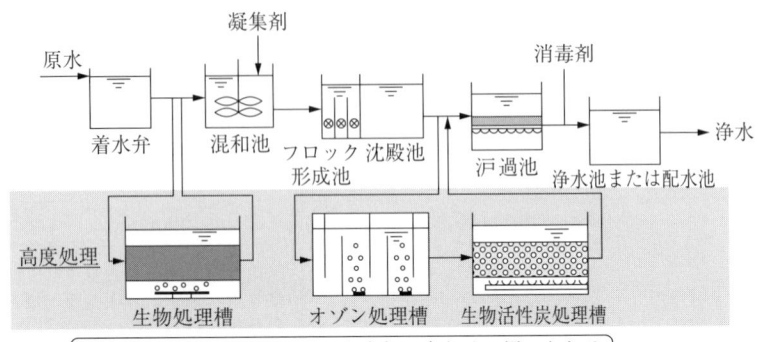

図3.24　高度浄水処理プロセスの例—オゾン処理と生物活性炭処理を加えたプロセス—
（金子（編），「水質衛生学」，技報堂出版（1996）より作成）

図中の説明：
- 原水 → 着水弁 → 混和池（凝集剤）→ フロック形成池 → 沈殿池 → 沪過池 → 浄水池または配水池（消毒剤）→ 浄水
- 高度処理：生物処理槽／オゾン処理槽／生物活性炭処理槽
- 高度処理は単独またはいくつかを組み合わせて用いられる

生物処理は，有機物やアンモニア性窒素が多い原水の場合，急速ろ過法の前処理として付着生物接触槽を設ける。活性炭吸着は，臭味や色度，トリハロメタン前駆物質，有機塩素化合物，農薬などを除去するために設置する。オゾン処理は臭味や色度，トリハロメタン前駆物質，有機塩素化合物，農薬などを酸化分解するために設置する

① オゾン処理—強力な酸化力で汚染物質を分解する—

通常の前塩素処理に代えてオゾン処理する。オゾン（O_3）の酸化力により，原水中に含まれている細菌やウイルスの不活性化，異臭味物質の除去，有機塩素化合物や農薬の酸化分解などを行う。水に溶解したオゾンの強力な酸化力はオゾン分子の直接反応および水分子との反応から生成する・OHラジカルの反応によるといわれている。塩素とは違い，オゾンは汚染物質を分解して酸素となるため残留効果はなく有害な二次副生成物がないが，塩素に比べて高価である。オゾン処理の後に活性炭処理を組み合わせることが多い。

オゾンは空気あるいは酸素を原料として無声放電などにより生成させ，それを原水に吹き込むことにより溶け込ませる。オゾンの直接酸化反応は活性酸素原子によるもので，これはオゾンの高い酸化還元電位（その物質が他の物質を酸化しやすい状態か還元しやすい状態を表す指標。プラスの数値が大きいほど酸化する能力［酸化力］が大きく，マイナスの数値が大きいほど還元する能力

表3.13 酸化剤の酸化還元電位〔V〕

F_2	2.87
・OHラジカル	2.85
O_3	2.07
H_2O_2	1.78
MnO_4^-	1.67
HOCl	1.49
Cl_2	1.36
O_2	1.23

ヒドロキシラジカル（・OH）とオゾンの酸化力は大きい

［還元力］が大きいことを表す）（$E_0=2.07\,\mathrm{V}$）を持つためである。分子状のO_3およびその他の酸化剤の酸化還元電位を表3.13に示す。水に溶けたオゾンの一部は分解してヒドロキシラジカル（・OHラジカル：不対電子を持つOH基で不安定であるが化学反応性が大きい）を形成し，これが水中に存在する有機物および無機物と激しく反応し酸化分解する。これをオゾンの間接酸化反応という。

オゾンは水中においては次のように解離することが知られている。

$O_3 + H_2O \rightarrow HO_3^+ + OH^-$

$HO_3^+ + OH^- \rightarrow 2\cdot OOH$

$O_3 + 2\cdot OOH \rightarrow \cdot OH + 2O_2$

$\cdot OH + 2\cdot OOH \rightarrow H_2O + O_2$

・OHラジカルと・OOHは大きな酸化電位を持ち，有機物などを容易に酸化分解する。酸化分解処理については特に・OHラジカルの役割が大きい。なお，殺菌効果，脱臭，脱色および漂白効果はおもに分子状による直接酸化によるもので，オゾン処理ではこの役割も重要である。

② 活性炭処理―汚染物質を吸着して除去する―

水に溶けている有機物を粒状または粉末状の活性炭により吸着除去する処理法。ファンデルワールス力による物理吸着と吸着成分が吸着剤表面と化学結合する化学吸着がある。活性炭は数多くの微細な径の孔（数Å～数10Å程度の径）からなる多孔質物質であり，1gあたり数百～数千m^2の表面積（非常に大きな内部表面積）を持つ（図3.25）。原料には植物性（木材，果実殻など）

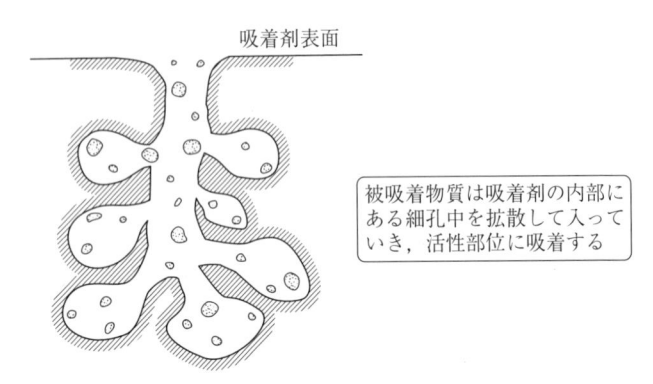

図3.25 吸着剤の内部構造―内部に吸着するための広大な表面積を持っている―

被吸着物質は吸着剤の内部にある細孔中を拡散して入っていき，活性部位に吸着する

と鉱物性（石炭，コークスなど）がある。一般には植物性のほうが良質である。異臭味物質，残留農薬，フェノール類（ベンゼン環にヒドロキシ基-OHが直接結合した化合物）などの微量の有害物質や，合成洗剤，トリハロメタンなどの除去に有効である。粒状活性炭は塔に充填して吸着操作を行い，粉末活性炭は凝集剤などと同様に処理水に注入して接触させる。

③ 生物処理

微生物の働きにより水中に含まれる各種物質を除去処理する。有機物，アンモニア性窒素，鉄，マンガンなどの除去にも有効である。有機物やアンモニア性窒素が多い原水の場合，急速沪過法の前処理として用いる。

④ 膜処理

膜を使用して原水中の物質を分解除去する。膜を隔てた2溶液間の濃度差，電位差，圧力差，温度差などの分離推進力で特定の物質を膜透過させる（逆にその他の物質を膜でブロックすることになる）処理である。沪過膜は，精密沪過（MF：μm オーダーの懸濁粒子，細菌，原生動物などを分離除去），限外沪過（UF：サブμm オーダーのコロイドなど溶存高分子，小型球状ウイルスを分離除去），ナノ沪過（NF：MF膜やUF膜で除去できない低分子有機物質，消毒副生成物前駆物質や農薬などの除去が可能），逆浸透（RO：金属イオン，

硝酸・亜硝酸イオンなどとほとんどすべての低分子有機物を分離除去。図3.6 (a)を参照）に大別される（**表3.14**）。除去したい物質の大きさなどで目的に合った膜を使用する。

⑤ 紫外線処理

　紫外線は，太陽から地球に届く光の中で最も強いエネルギーを持った波長の短い光のことで，強力な殺菌力を有し太陽光線の中に約1%含まれている。波長200〜290 nmの紫外線は微生物の細胞膜を透過して遺伝と生物機能をつかさどるDNAに損傷を与え増殖能力を失わせることができる（水和現象，ダイマー形成，分解などの光化学反応により菌類を死滅させると考えられている）。特に殺菌作用が強い254 nm付近の波長の紫外線を使って殺菌する。薬品を使用する場合と異なり殺菌作用の残留効果はない。

表3.14　膜分離の水処理における利用（その1）

(a)

膜の適用範囲	逆浸透(RO)膜 / ナノ濾過(NF)膜 / 限外濾過(UF)膜 / 精密濾過(MF)膜
サイズ 〔μm〕	10^{-4}　10^{-3}　10^{-2}　10^{-1}　1　10
サイズ 〔nm〕	0.1　1　10　10^2　10^3　10^4
サイズ 〔Å〕	1　10　10^2　10^3　10^4　10^5
原水中の成分	塩素イオン，ナトリウムイオン，亜鉛イオン，フッ素イオン，鉛イオン，硝酸イオン，フルボ酸，臭気物質，陰イオン界面活性剤，トリハロメタン，フミン酸，各種ウイルス，ポリオウイルス，A型肝炎ウイルス，農薬・有機物，インフルエンザウイルス，大腸菌，赤痢菌，クリプトスポリジウム，藻類・泥，コレラ菌，ジアルジア

細かい孔がたくさんあいている膜のふるい分け作用により水中の懸濁物質やコロイド，イオンまで除去できる

表 3.14 膜分離の水処理における利用(その2)

(b)

分 野	利用内容	分離膜	処理目的
上水処理	海水,鹹水(かん)の淡水化	逆浸透膜	脱塩,軟化
	高度浄水	低圧逆浸透膜	THM 前駆物質除去,溶存高分子除去
	浄水	精密沪過膜,限外沪過膜	濁質除去,細菌,ウイルス除去
下水処理	高次処理,再利用	逆浸透膜	脱塩
	高度処理,再利用	精密沪過膜,限外沪過膜	固液分離,溶存高分子除去,細菌,ウイルス除去
ビル排水処理	再利用	逆浸透膜,低圧逆浸透膜	脱塩,溶存高分子除去
		限外沪過膜,精密沪過膜	固液分離,溶存高分子除去,細菌,ウイルス除去
屎尿処理	高度処理	限外沪過膜,精密沪過膜	固液分離
産業排水処理	有用物回収	逆浸透膜,限外沪過膜	溶解性物質の分離濃縮
	高度処理	精密沪過膜	固液分離

〈精密沪過膜:MF 膜〉0.1~10 μm の範囲の粒子(微生物など)や高分子の通過を阻止して分離する膜。酢酸セルロース,ナイロンなどからできている高分子膜や無機膜(セラミック膜など)で,均一な細孔径を持つために粒子の捕捉効率は高い
〈限外沪過膜:UF 膜〉0.1 μm~2 nm の範囲の粒子や高分子の通過を阻止する分離膜。素材は高分子膜や無機膜である。膜構造は緻密層(表面)と多孔質層(支持層)からなる非対称構造である
〈ナノ沪過膜:NF 膜〉0.5~2 nm の範囲の分子・イオンの通過を阻止する分離膜。硬度成分の除去,硫酸イオンの選択的除去に用いられる。高分子膜と無機膜がある
〈逆浸透膜:RO 膜〉水は透過するが,水に溶解したイオンや分子はほとんど透さない半透膜を用いて逆浸透の原理で分離する膜。代表的な RO 膜として不織布の上にポリスルホン製の多孔質膜を形成し,その表面に芳香族ポリアミドを界面重合させた 1 μm 以下の厚みの緻密層を形成した複合膜がある

(膜分離技術振興協会・膜浄水委員会(監),『浄化膜』,技報堂出版(2003),藤田,山本,滝沢,『急速濾過・生物濾過・膜濾過』,技報堂出版(1994)より作成)

これらの処理方法の組み合わせが重要となる。他の高度処理法として,光触媒処理(酸化チタン触媒,鉄[フェントン]触媒など),過酸化水素処理(H_2O_2:酸化剤・殺菌剤・漂白剤として利用される。過酸化水素は不安定で酸素を放出しやすく,非常に強力な酸化力を持つヒドロキシラジカルを生成しやすい。オゾン,紫外線そして光触媒による排水中の汚染物質の酸化分解はこのヒドロキシラジカルによるとされている)などもある。促進酸化法(AOP:Advanced Oxidation Process。非常に酸化力の強い・OH ラジカルを有効に生成させて汚

表 3.15 処理方法による除去できる物質の比較

項 目	浄 水 処 理 方 法				
	緩速沪過	急速沪過	高 度 処 理		
			生物処理	オゾン処理	活性炭吸着
濁度	○	◎	△	×	△
色度	○	△	×	◎	○
過マンガン酸カリウム消費量	○	△	△	○	○
硝酸性窒素	×	×	×	×	×
アンモニア性窒素	○	×	◎	×	×
トリハロメタン前駆物質	○	△	△	○	○
界面活性剤	○	×	○	○	○
臭気	○	×	○	◎	◎
細菌・ウイルス・原生動物	○	○	△	◎	△

◎：非常によく除去できる，○：よく除去できる，△：あまり除去できない，×：まったく除去できない

これらの方法でまったく除去できない硝酸性窒素は，逆浸透膜で50%除去できる

(金子（編），「水質衛生学」，技報堂出版（1996）より作成)

有機物質を CO_2 と H_2O にまで分解［無機化］する。ただし，ラジカルの寿命は非常に短く，その発生メカニズムと酸化分解反応メカニズムは現在のところ明確にはなっていない）としていろいろな処理法の組み合わせが提案されている。表 3.15 に処理方法によって除去できる物質の例を示した。

2-2　浄水器でおいしい水—活性炭と膜で活性化する—

　高層のビルやマンションの水道水はそのまま飲まないほうがよいといわれている。水道水は直接上の階に届かないので，1階に水道水の受水槽を設けてそこの水をポンプで屋上にある水槽に揚げ，そこから各戸の蛇口に送られる。2カ所の水槽で水を溜めるために水質が落ちやすく，管理がしっかりされていないと不衛生になるためである。

　浄水器の基本構造は中空糸膜のマイクロフィルタと活性炭の組み合わせである（図 3.26）。水道水を浄水器内のマイクロフィルタと活性炭で沪過・吸着して，残留塩素，赤錆，臭いなどを取り除く。イオン交換樹脂を組み込んだものもある。水道の蛇口に取り付けるタイプと，水を沪過剤の詰まったタンクに取

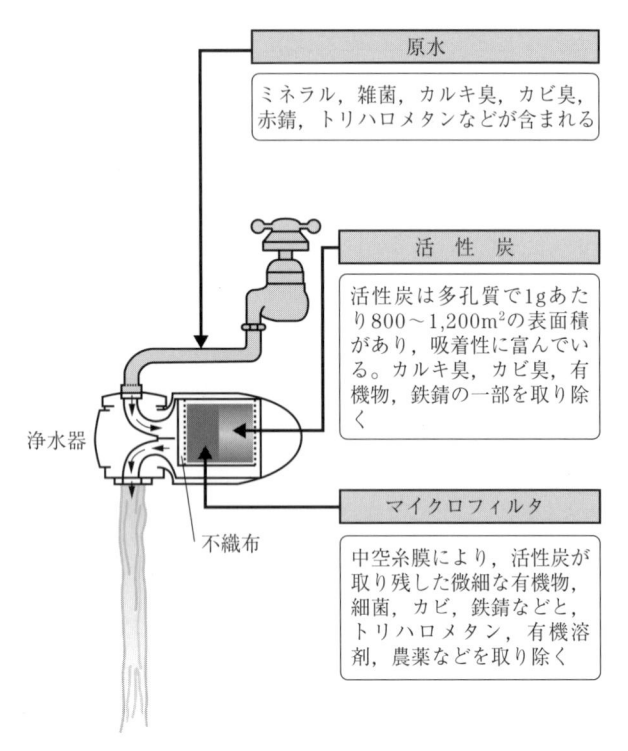

図3.26 蛇口に取り付ける浄水器の構造と機能

原水
ミネラル，雑菌，カルキ臭，カビ臭，赤錆，トリハロメタンなどが含まれる

活性炭
活性炭は多孔質で1gあたり800～1,200m^{2}の表面積があり，吸着性に富んでいる。カルキ臭，カビ臭，有機物，鉄錆の一部を取り除く

マイクロフィルタ
中空糸膜により，活性炭が取り残した微細な有機物，細菌，カビ，鉄錆などと，トリハロメタン，有機溶剤，農薬などを取り除く

浄水器／不織布

り入れるタイプとがある。カルキ臭や味が気になる程度ならば蛇口直結型で十分である。

　活性炭の表面には微細なミクロオーダーの孔があり，カルキ臭や有機物，カビの成分などを吸着して水から除去する。浄水器に使われる活性炭としては，ヤシ殻やコークスを焼いたものを粉末にして粒状に成形したものがおもに使われている。活性炭は，炭はもともと多孔質で物質を吸着する性質を持っているが，それを活性化処理してさらに吸着能を強化したものである。木炭，ヤシ殻などの原料を，100℃程度の高温で水蒸気と反応させる，塩化亜鉛などの水溶液で湿らせてから500～700℃に熱して焼くなどして表面を活性化させる。1gあたり800～1,200 m^{2}の表面積を持ち，吸着性に優れている。活性炭の細孔に

2 人工的な機能水

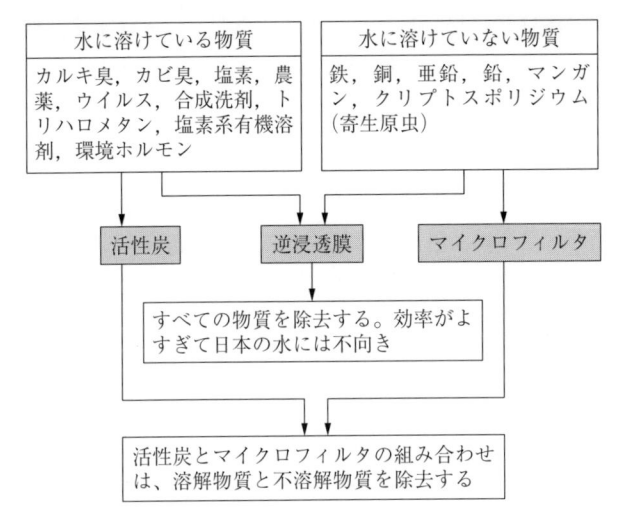

```
┌─────────────────────────┐  ┌─────────────────────────┐
│   水に溶けている物質        │  │  水に溶けていない物質       │
│ カルキ臭，カビ臭，塩素，農   │  │ 鉄，銅，亜鉛，鉛，マンガ    │
│ 薬，ウイルス，合成洗剤，ト   │  │ ン，クリプトスポリジウム    │
│ リハロメタン，塩素系有機溶  │  │ (寄生原虫)                │
│ 剤，環境ホルモン            │  │                          │
└─────────────────────────┘  └─────────────────────────┘
     │             │                    │
     ▼             ▼                    ▼
  ┌─────┐     ┌─────────┐         ┌──────────────┐
  │活性炭│     │ 逆浸透膜 │         │ マイクロフィルタ│
  └─────┘     └─────────┘         └──────────────┘
                   │
                   ▼
           ┌─────────────────────┐
           │ すべての物質を除去する．効率が │
           │ すぎて日本の水には不向き    │
           └─────────────────────┘

           ┌──────────────────────────────┐
           │ 活性炭とマイクロフィルタの組み合わせ │
           │ は，溶解物質と不溶解物質を除去する  │
           └──────────────────────────────┘
```

図 3.27 水中の不純物と浄水器の機能―目的にあった浄水器はどれ？―
(和田,「飲料水を考える」, 地人書館 (2000) より作成)

有害物質の分子や色素分子が取り込まれて表面に吸着される．

かつては活性炭だけであったが，そうすると活性炭により殺菌のために水道水に残留させている残留塩素も取り除かれるため，使っているうちに活性炭カートリッジの中に細菌が繁殖してしまうことがあり，現在ではマイクロフィルタと組み合わされているのが一般的である．

マイクロフィルタ（非常に小さな孔が空いていて，細かいものを沪過する膜）としては，ナイロンなどで作られているパイプ状の中心が空洞になっている糸（中空糸膜）が使われる（1-5図3.6(b)参照）．この中空糸を何百本も束にしたものが浄水器に入っている．パイプ状の糸の壁面には無数の曲がりくねった非常に小さな孔（その孔の平均径は，細菌の大きさの数分の1．水分子の大きさはその1/1,000 程度）が空いているので，水はこの孔を通り抜け細菌やゴミだけが分離される．図3.27に浄水器のタイプによる機能の違いを示した．

2-3 おいしい氷―活性化された氷―

おいしい氷とは，いろいろな飲料の味を最大限に生かすために，その味を邪

魔しない，かつ溶け難い氷である。つまり，透明で，溶け難く，無味・無臭な氷である。不純物を含まない純粋な水（純水）を凍らせて氷を作れば，より透明なものができる。白濁部分は家庭の氷などでよく見うけられるが，炭酸カルシウムなどのミネラル分や不純物が混ざって凍っている部分である。製氷に使用する水は，活性炭処理された後，イオン交換塔を通過し $0.45\mu m$ と $1\mu m$ のフィルタを通し，さらに紫外線滅菌によって殺菌したものを使う。

透明で溶け難い氷つまりおいしい氷は，水質については，より軟水である水（不純物，ミネラル分などをあまり含まない水）すなわち純水に近い水が最適である。溶け難い氷つまり結晶の大きな氷を作るためにゆっくりと凍らせる必要があり，そのように冷却温度を制御する必要がある。また，水が動きながら凍らせると，つららや湖の水面などのように純粋な氷ができるので，速く水を動かしながら凍らせる。

2-4 医学的な水：スポーツドリンクと生理食塩水
―究極の人工的機能水を使う―

多量の発汗をともなう運動時には水分の補給が絶対必要である。激しい運動中は，汗の蒸発による気化熱により体温を下げ体温上昇を一定範囲内に保ち体の機能を正常に働くように汗をかく。適切に水分補給しなければ脱水状態に陥り，痙攣や熱中症を引き起こす。また血液循環量の減少とそれにともなう心拍出量の低下により酸素やエネルギーの供給不足，疲労の蓄積が起こり，パフォーマンスが低下する。また血液濃縮が起こると心筋梗塞や脳卒中の危険性も増す。汗の塩分濃度は $0.2\sim0.3\%$ 程度であるが，暑い中で激しい運動をすると，1時間に $2\sim3$ L の大量の汗をかくので，水分欠乏のほかに塩分欠乏が起こる。スポーツドリンクは，スポーツ時における大量の発汗によって失われる水分を補給するためのものであり，カリウムイオン，ナトリウムイオンなどを含む電解質，マグネシウムやカルシウムなどのミネラル分を含んでいる。

最近は，水分，糖質，電解質の吸収を目的としたアイソトニック（等浸透圧）飲料（浸透圧が体液とほぼ同じ飲料）やハイポトニック（低浸透圧）飲料（浸透圧が体液より低い飲料）に，エネルギー源，吸収速度，疲労回復を考え，

果糖（単糖類でフルクトース［$C_6H_{12}O_6$］のこと。果実，蜂蜜に含まれている），カフェイン（アルカロイド［塩基性を示す有機化合物の総称］の一種で化学式は $C_8H_{10}N_4O_2$。コーヒー，茶，ココア，チョコレート，健康ドリンクなどに含まれる。おもな作用は覚醒作用，解熱鎮痛作用，利尿作用である），クエン酸（$C_6H_8O_7$：みかんやレモンなどの柑橘類に含まれる有機化合物で，ヒドロキシ酸の一つ），アルギニン（アミノ酸の一つである 5-グアニジノ-2-アミノ吉草酸［$C_6H_{14}N_4O_2$］のこと。肉類，ナッツ，大豆，玄米，レーズン，エビ，牛乳などに多く含まれる），アミノ酸（アミノ基［$-NH_2$］とカルボキシ基［$-COOH$］の両方の官能基を持つ有機化合物。多種類のアミノ酸の組み合わせにより，多機能なタンパク質を生成する）などが添加されたものも販売されている（図 3.28）。

長時間運動時には筋グリコーゲンと肝グリコーゲンの枯渇（グリコーゲン［$C_6H_{10}O_5$］$_n$）は動物の肝臓や筋肉に含まれ，分子量は数百万〜1,000 万にも達

運動前に飲むとよい アイソトニック（等浸透圧）飲料

等浸透圧 ｜ 等浸透圧

水分子の流れ

水分 ⇔ 体液

腸管門脈外 ｜ 腸管門脈内

水分と体液の浸透圧が等しく，水分の浸透圧を低く調整しながら吸収する

アイソトニックとハイポトニックは人間の体内の浸透圧と比較しての表現である

運動時や運動後に飲むとよい ハイポトニック（低浸透圧）飲料

低浸透圧 ｜ 高浸透圧

水分子の流れ

水分 → 体液

腸管門脈外 ｜ 腸管門脈内

水分の流れが，浸透圧の低い門脈外から門脈内に向き，すばやく吸収する

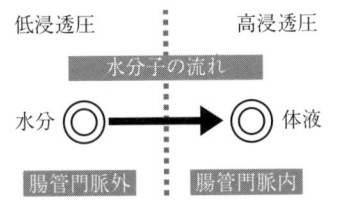

体液にはナトリウム，カルシウム，塩素などのイオンを含んでいる。水分子は細胞膜（半透膜）を自由に通過でき，水に溶けている物質の濃度がバランスするように水が細胞内と細胞外（体液）を移動する

図 3.28　スポーツドリンクの機能—水分やミネラルの補給，エネルギー源そして疲労回復—
（満田（監），「化学の不思議がわかる本」，成美堂出版（2006）より作成）

する．体内で必要に応じて速やかにグルコースに加水分解されて血液中に入り，酸素と酵素の作用によりエネルギー源になる），それにともなう低血糖症や発汗による電解質のバランスのくずれなどを引き起こす．運動終了後，失われた筋グリコーゲンと肝グリコーゲンや電解質を補充する必要がある．普通のスポーツドリンクに含まれている塩化ナトリウム濃度は0.12%くらいで，体液中の塩分濃度の約0.8%に比べればかなり低い．アイソトニック飲料は，運動前に飲むと糖の吸収を早めエネルギーの補給に適している．身体に吸収される割合はハイポトニックのほうがよいので，運動中あるいは運動後に飲むのであればハイポトニック飲料が適している．すみやかに水分と栄養が吸収される．運動中は運動強度が高くなればなるほど筋肉の糖質消費速度が増大する．糖質が不足すればパフォーマンスは当然低下する．

　生理食塩水は，浸透圧が体液の浸透圧（6.7 atm）と同じ（等張）になるように，水100 mL中に塩化ナトリウムが0.9 g含まれるよう調整されたいわゆる食塩水である．生体では，細胞膜は半透膜の性質を持っており，細胞の大きさや代謝活動を発揮するためには，細胞内の浸透圧を維持しなければならない．細胞内の組織液と血漿の浸透圧に差が生じると生命にも支障をきたすことがある．それゆえ，等張性の生理食塩水は血液などの体液の希釈や注射液の溶媒として使用される．コンタクトレンズの保存液などの点眼薬もその浸透圧を体液に合わせて，目にしみないようにしてある．腎臓透析液の塩分濃度も生理食塩水とだいたい同じである．

2-5　超純水―限りなく純度100%を求めた機能水―

　超LSI（超大規模集積回路）などの半導体製造工程におけるシリコンウェハの洗浄や，医薬品の製造などに用いられる水については，金属イオンや微生物などの不純物をほとんど含まない純度100%の理論的に水に限りなく近い超純水が求められている．集積回路（IC）はできるだけ多くの回路を小さなシリコン結晶板（チップ）に集積したもので，超LSIでは数十万個以上の素子が集積されている．集積回路の製造工程では，配線回路をチップ上に光学的にプリントして焼き付ける工程がある．処理が終わった後，付着した微細な汚れやごみ

表 3.16 半導体の集積度と要求される水質―求められる純度はさらに高く―

水質項目		超 LSI 製造向け					LCD 製造向け
	DRAM 集積度	1 Mb	4～16 Mb	16～64 Mb	64～256 Mb	256 Mb～1 Gb	
比抵抗値 [MΩ·cm]		17.5～18.0	>18.0	>18.1	>18.2	>18.2	>18.0
微粒子 [個/mL]	$0.1\,\mu m$	10～20	<5	—	—	—	<1
	$0.05\,\mu m$	—	<10	<5	<1	—	—
	$0.03\,\mu m$	—	—	—	<10	<5	—
生菌数 [cfu/L]		10～50	<10	<1	<0.5	<0.1	<10
TOC [μg/L]		30～50	<10	<5	<2	<1	<20
溶存酸素 [μg/L]		30～50	<50	<10	<5	<1	<50
シリカ [μg/L]		5	<1	<1	<0.5	<0.1	<1
重金属 [ng/L]		100～500	<100	<10～50	<5	<1	<100
陰イオン [ng/L]		100～500	<100	<50	<5	<1～2	<100

*) Mb（メガバイト），Gb（ギガバイト）はメモリなどの記憶容量を表す単位
DRAM（Dynamic Random Access Memory：パソコンのメインメモリにおいてデータの記憶部品として使われている半導体記憶素子の一つ）
LCD（Liquid Crystal Display：液晶ディスプレイ。水質のレベルは DRAM で 4～16 メガビット相当である）
(矢部，「これでわかる純水・超純水技術」，工業調査会（2004）より作成)

を落とすために何度も水洗いする。この洗浄水に微粒子や細菌が含まれていると，回路がショートして欠陥品となってしまう。そこで，洗浄水には限界まで不純物を除いた厳しい基準が求められる。高集積化にともない要求される洗浄水の純度はより高くなっている（表 3.16）。

　純水の製造方法には，蒸留法を利用した加熱タイプとイオン交換法を使う非加熱タイプがある。最近はイオン交換法が主流である。図 3.29 に代表的な超純水製造プロセスの例を示した。高純度の達成を可能にしたイオン交換法の原理を図 3.30 に示す。純水の重要な性質の一つは，不純物がほとんどないために溶かす能力を最大限持っていることである。純水の製造装置の接液部の多くに不純物の溶出が少ないプラスチック材料が使われているのはこのためである。一般の水道水の配管に使われている鉄管や鉛管は使えない。ステンレス管を使う場合でも，洗浄して表面処理をしてから使われる。

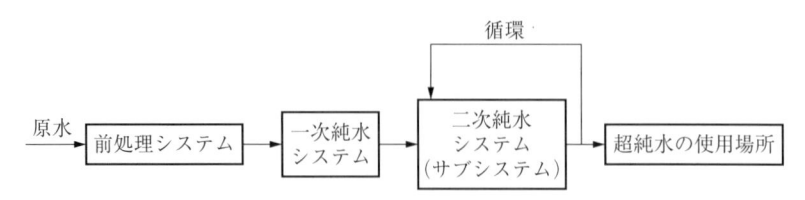

```
原水 → 前処理システム → 一次純水システム → 二次純水システム（サブシステム） → 超純水の使用場所
                                              ↑ 循環 ↓
```

前処理システム：原水中に含まれる懸濁物と有機物の一部を凝集，沈殿などで除去する
一次純水システム：逆浸透膜，イオン交換などにより比抵抗10〜15MΩcmの純水とする。溶存ガス（酸素，炭酸ガス，窒素）の除去，微粒子，有機物の大部分を除去する
二次純水システム：一次純水を超純水に仕上げる。低圧紫外線酸化装置（微量な有機物の分解および殺菌），非再生型イオン交換ポリシャー（微量のイオンを除去），限外沪過膜（微粒子除去の最終フィルタ）などで構成されている

図3.29　超純水製造のプロセス―純度という機能を追求する―（その1）

　純水は，逆浸透膜，蒸留，イオン交換などの方法によりイオンを除去し，比抵抗値（電気の流れ難さを表し，水中のイオン量［不純物］が少ないほど大きな値になる）を1〜10MΩ・cm程度にした水のことである。一方，超純水は，イオン交換樹脂，活性炭，膜フィルタ，紫外線などを組み合わせて処理して得られる，TOC（Total Organic Carbon：全有機炭素量）値が非常に小さく，比抵抗値18MΩ・cm以上の純水である。
　電気伝導率（比抵抗と電気伝導率は逆数の関係）は水中に含まれる不純物の量を測定する方法の一つである。不純物がきわめて少ないと電気伝導率は非常に小さくなる。水から電解質を取り除いていくと電気伝導率はどんどん小さくなっていくが，電解質を完全に取り除いたとしても電気伝導率は0にはならない。水の分子自体がほんの極微量だけH^+とOH^-にイオン化するからである。理論的に考えられるまったく純粋な水の電気伝導率は$0.05479\,\mu S/cm$（25℃）（比抵抗値で$18.25\times10^6\,\Omega cm$）で，完全な絶縁体であるともいえる。表3.17に各種の水の電気伝導率を示す。
　純水の製造方法によるイオン量とTOCで表す水質の違いを図3.31に示す。

2 人工的な機能水 125

> 超純水の水質を安定して維持するため，使用水量の20～30%を過剰通水して，常に循環処理する（配管を通してユースポイントに送られるが，超純水が停滞すると容器や配管からの溶出成分で純度が低下するのを防ぐため）

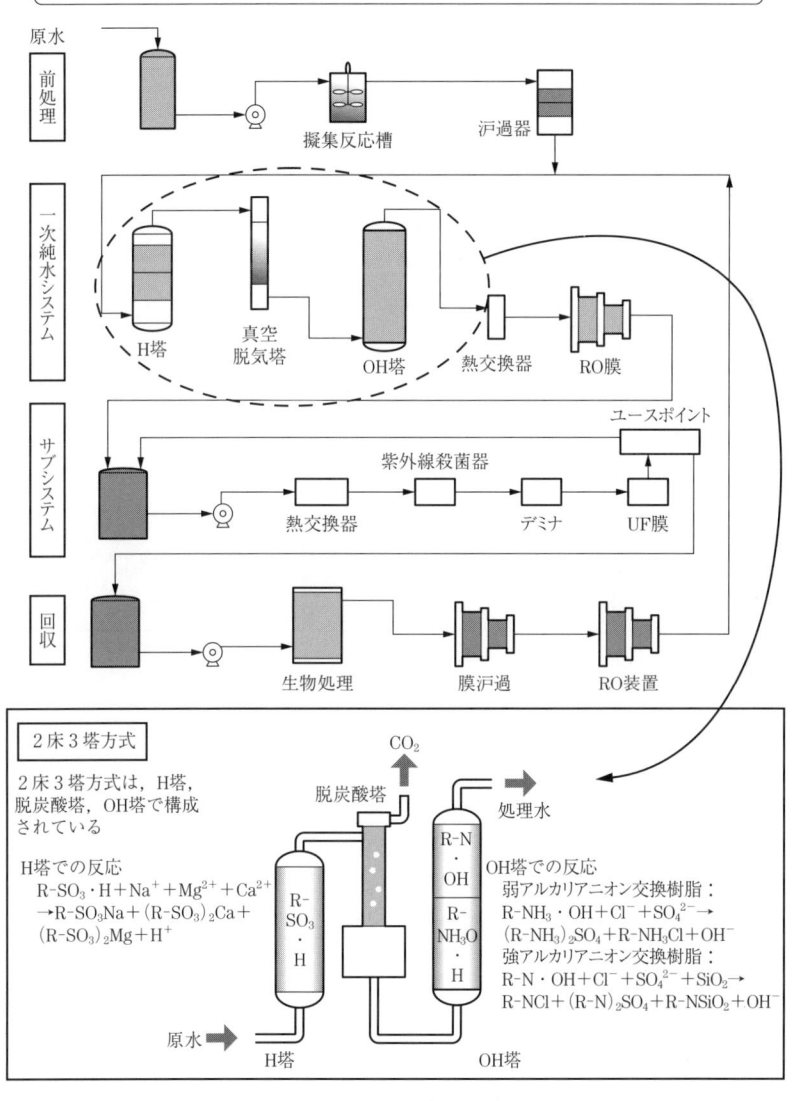

前処理：原水 → 擬集反応槽 → 濾過器

一次純水システム：H塔 → 真空脱気塔 → OH塔 → 熱交換器 → RO膜

サブシステム：熱交換器 → 紫外線殺菌器 → デミナ → UF膜 → ユースポイント

回収：生物処理 → 膜濾過 → RO装置

2床3塔方式

2床3塔方式は，H塔，脱炭酸塔，OH塔で構成されている

H塔での反応
$R-SO_3 \cdot H + Na^+ + Mg^{2+} + Ca^{2+}$
$\rightarrow R-SO_3Na + (R-SO_3)_2Ca + (R-SO_3)_2Mg + H^+$

脱炭酸塔 → CO_2

OH塔での反応
弱アルカリアニオン交換樹脂：
$R-NH_3 \cdot OH + Cl^- + SO_4^{2-} \rightarrow$
$(R-NH_3)_2SO_4 + R-NH_3Cl + OH^-$
強アルカリアニオン交換樹脂：
$R-N \cdot OH + Cl^- + SO_4^{2-} + SiO_2 \rightarrow$
$R-NCl + (R-N)_2SO_4 + R-NSiO_2 + OH^-$

原水 → H塔（R-SO₃·H） → OH塔（R-N·OH，R-NH₃·OH） → 処理水

図3.29 超純水製造のプロセス—純度という機能を追求する—（その2）
（栗田工業㈱，「よくわかる水処理技術」，日本実業出版社（2006）より作成）

イオン交換の反応：H型の陽イオン（カチオン）交換樹脂（R-SO₃H）の反応
$R\text{-}SO_3 \cdot H + NaCl \rightarrow R\text{-}SO_3 \cdot Na + HCl$
OH型の陰イオン（アニオン）交換樹脂（R-N・OH）の反応
$R\text{-}N \cdot OH + HCl \rightarrow R\text{-}N \cdot Cl + H_2O$
（ここのRは樹脂を表す）

通水前

（カチオン交換塔）
カチオン交換樹脂（H⁺ H⁺）

（アニオン交換塔）
アニオン交換樹脂（OH⁻ OH⁻）

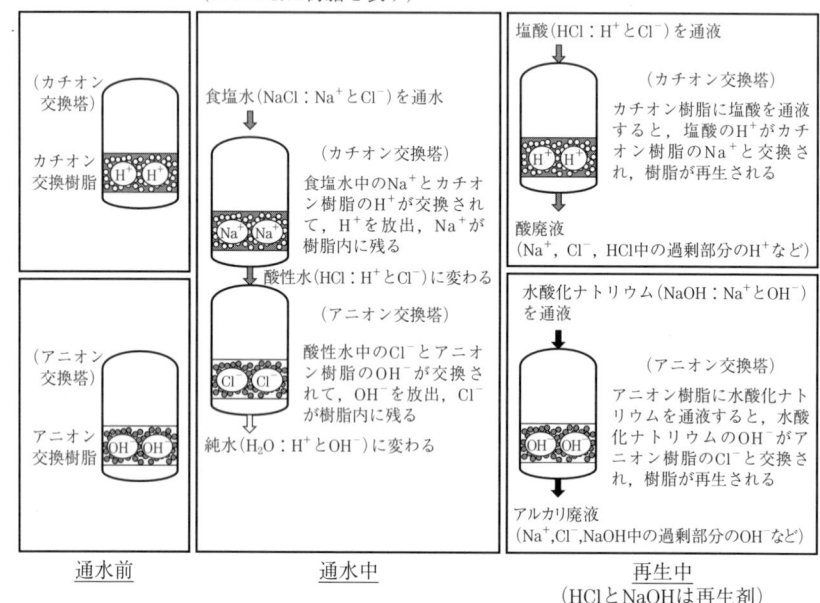

通水中

食塩水（NaCl：Na⁺とCl⁻）を通水
↓
（カチオン交換塔）
食塩水中のNa⁺とカチオン樹脂のH⁺が交換されて，H⁺を放出，Na⁺が樹脂内に残る
↓
酸性水（HCl：H⁺とCl⁻）に変わる
↓
（アニオン交換塔）
酸性水中のCl⁻とアニオン樹脂のOH⁻が交換されて，OH⁻を放出，Cl⁻が樹脂内に残る
↓
純水（H₂O：H⁺とOH⁻）に変わる

再生中

塩酸（HCl：H⁺とCl⁻）を通液
↓
（カチオン交換塔）
カチオン樹脂に塩酸を通液すると，塩酸のH⁺がカチオン樹脂のNa⁺と交換され，樹脂が再生される
↓
酸廃液
（Na⁺，Cl⁻，HCl中の過剰部分のH⁺など）

水酸化ナトリウム（NaOH：Na⁺とOH⁻）を通液
↓
（アニオン交換塔）
アニオン樹脂に水酸化ナトリウムを通液すると，水酸化ナトリウムのOH⁻がアニオン樹脂のCl⁻と交換され，樹脂が再生される
↓
アルカリ廃液
（Na⁺，Cl⁻，NaOH中の過剰部分のOH⁻など）

（HClとNaOHは再生剤）

種類	交換基	
陽イオン交換樹脂		
強酸性陽イオン交換樹脂	スルホン酸基	$-SO_3^-$
弱酸性陽イオン交換樹脂	カルボン酸基	$-COO^-$
陰イオン交換樹脂		
強アルカリ陰イオン交換樹脂	4級アンモニウム基	$-NR_3^+$
弱アルカリ陰イオン交換樹脂	1〜3級アミン基	$-NH_2, -NHR, -NR_2$

ここのR：アルキル基（CH₃-［メチル基］やCH₃CH₂-［エチル基］など）

図3.30　イオン交換プロセスの原理（強酸性陽イオン［カチオン］交換樹脂と強アルカリ性陰イオン［アニオン］交換樹脂の例：陽イオンがNa⁺，陰イオンがCl⁻）

（岡崎，鈴木，「超純水のはなし」，日刊工業新聞社（2002），栗田工業㈱，「よくわかる水処理技術」，日本実業出版社（2006）より作成）

表 3.17　いろいろな水の電気伝導率 (25℃)

理論純水	0.05479 μS/cm
超純水	0.06 μS/cm 以下
純　水	1 μS/cm 以下
蒸留水	10〜1 μS/cm
水道水	200〜100 μS/cm
おいしい水	700〜400 μS/cm

＊) μS/cm（マイクロジーメンスパーセンチメートル）：電気伝導率の単位

水中のイオン量は導電性を持つ物質の総量として電気伝導率あるいは比抵抗値で表す。イオン量に比例して電気伝導率は大きくなりその逆数である比抵抗値は小さくなる

有機物量は全有機体炭素TOCで表す

(RO：逆浸透膜，EDI：電気イオン交換)

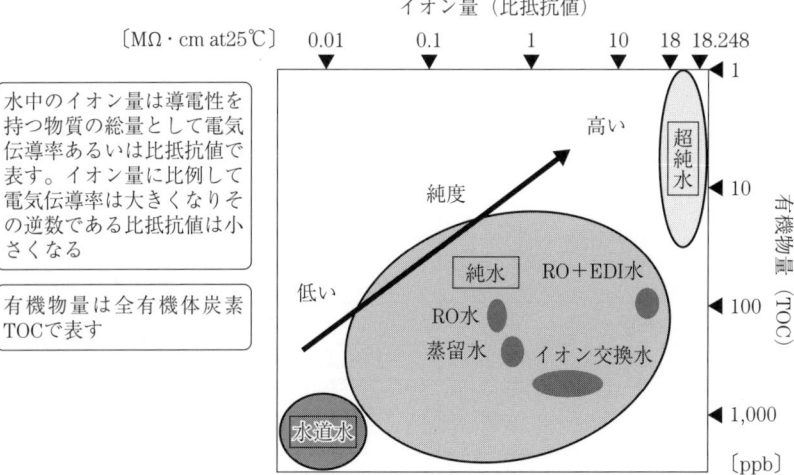

図 3.31　純水製造方法と水質（イオン量と有機物量）の関係
(日本ミリポア，「超純水超入門」，羊土社 (2005))

2-6　下水処理—きれいな水にして自然に返す。さらに，下水を資源に変える—

使用された水をそのまま自然界（河川，湖沼，地下水，海）に放出すると，汚染物質の排出量が自然浄化能力をはるかに超えて環境問題を引き起こすため，放出以前に処理する必要がある（図 3.32）。水環境が工場排水や生活排水で汚

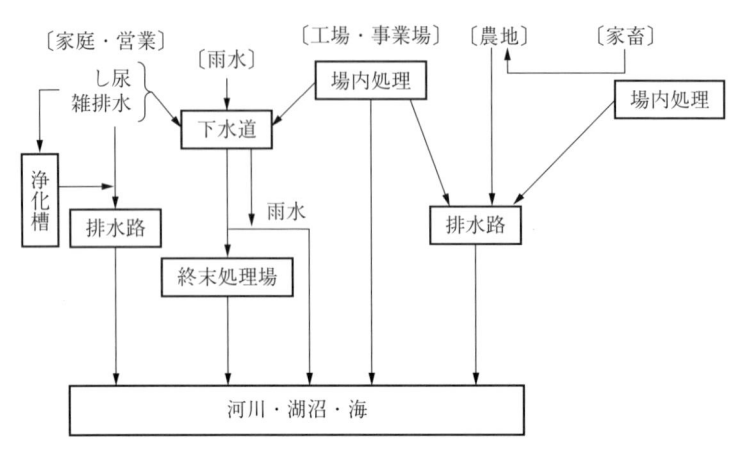

図 3.32 汚水の排出経路—下水を新しい水源にするには—
(松本,「水環境工学」, 朝倉書店 (1994) より作成)

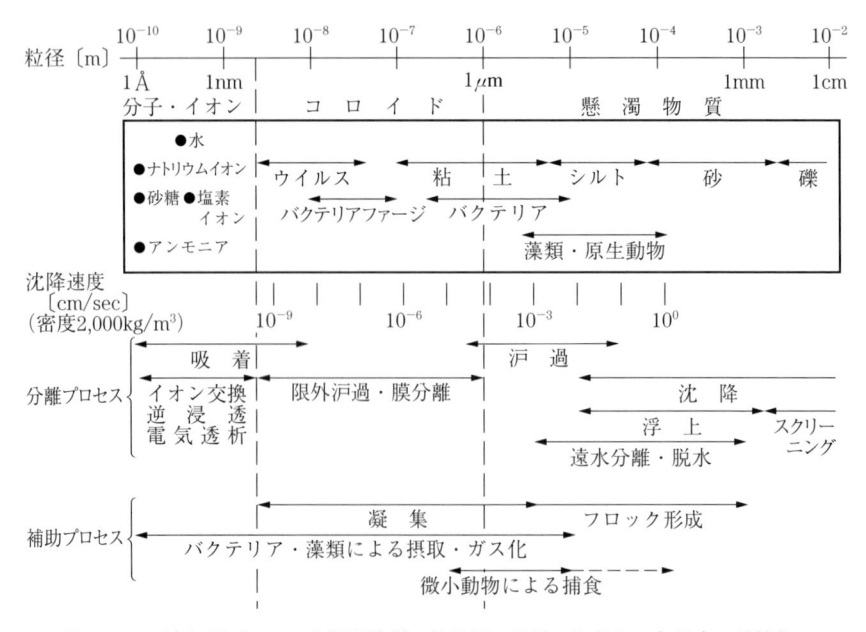

図 3.33 下水処理プロセスと汚濁物質の粒子径の関係—浄化という排水の活性化—
(楠田,「やさしい衛生工学 (凝集その 1)」, 月刊下水道 (1987) より作成)

染されると人間の健康にも影響を与える。それゆえ，汚染物質の排出を規制するとともに下水道の整備による水質保全が重要となる。良好な上水源（河川，湖沼，地下水，海）の確保のために，より高度な水質の浄化が求められている（図 3.33）。窒素やリンなどが多く湖沼や河川の富栄養化の原因となる生活排水などの対策には，従来下水処理として用いられてきた活性汚泥法だけでは処理が困難になってきている。水環境に排出される汚染物質は多種多様であり，それらの物質の除去に対応した技術が求められている。雨水の利用と下水処理した水の再利用をさらに進める必要がある。

1）活性汚泥法：好気性微生物処理—生物処理で浄化する—

下水処理の多くが活性汚泥法で行われている（図 3.34）。曝気槽では，空気（酸素）を供給しながら活性汚泥（多種類の細菌類，真菌類，原生動物や後生動物などの微生物を含む泥）と排水を混合すると，微生物が汚染物質を増殖の

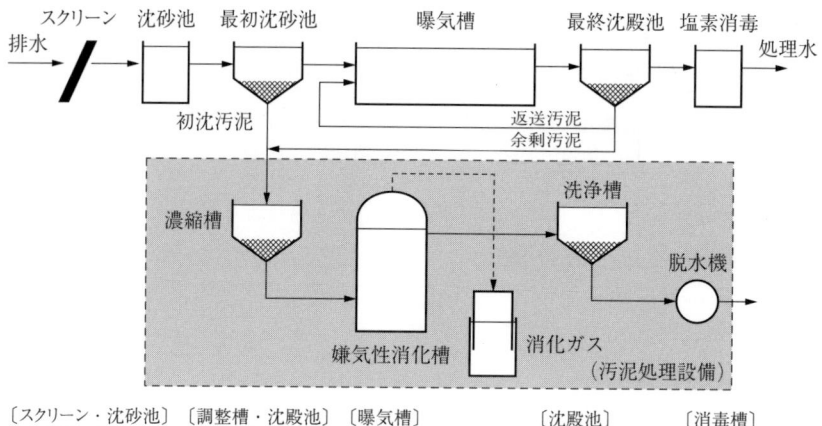

〔スクリーン・沈砂池〕
・夾雑物の除去
・土砂の除去

〔調整槽・沈殿池〕
・流入量の均一化
・濃度の均一化
・腐敗防止
・浮遊物の除去

〔曝気槽〕
・排水と活性汚泥の混合
・酸素の供給
・活性汚泥による吸着，酸化

〔沈殿池〕
・活性汚泥と処理水の分離
・処理水の越流
・沈殿汚泥の返送

〔消毒槽〕
・処理水の消毒

〔汚泥処理設備〕
・濃縮，貯留
・脱水，乾燥，焼却

図 3.34　典型的な活性汚泥排水処理プロセス
（清水ら，「微生物と環境保全」，三共出版（2001）より作成）

嫌気性消化の反応

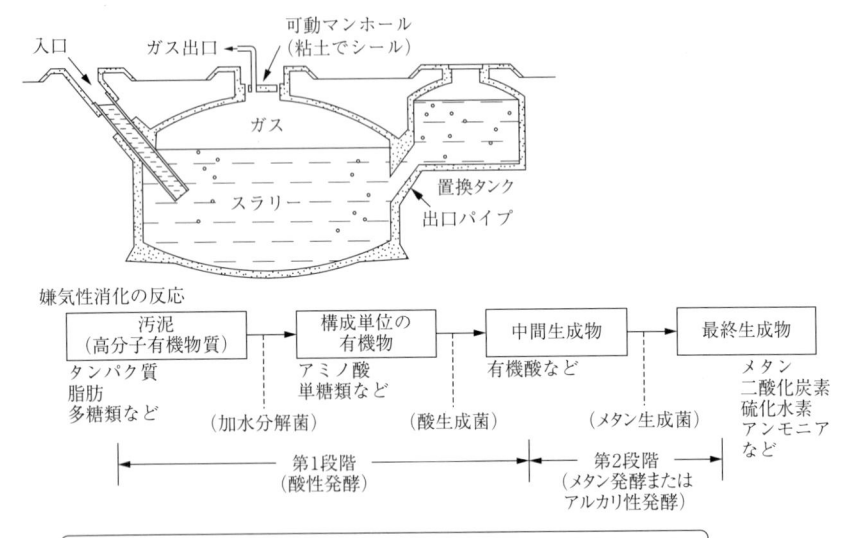

```
   汚泥              構成単位の           中間生成物            最終生成物
（高分子有機物質）  →    有機物      →                →
タンパク質           アミノ酸            有機酸など            メタン
脂肪                単糖類など                              二酸化炭素
多糖類など                                                硫化水素
              （加水分解菌）        （酸生成菌）        （メタン生成菌）  アンモニア
                                                                  など
        ←─── 第1段階 ───→              ←─ 第2段階 ─→
            （酸性発酵）                  （メタン発酵または
                                          アルカリ性発酵）
```

① 固体の高分子化合物（タンパク質，脂肪など）が加水分解により溶解する
② （酸発酵）：低分子の中間生成物が低級脂肪酸（プロピオン酸，酪酸，乳酸など）などに分解される
③ （メタン発酵）低級脂肪酸がメタン，CO_2 などに分解される

活性汚泥法と嫌気性消化法の比較（BOD 1 トンの処理）

	活性汚泥法	嫌気性消化法
動力	1,000kWh	100kWh
消化ガス	—	1,000m^3
余剰汚泥	420〜600kg	20〜150kg

長所
① 好気性処理法に比べて約1/10の動力ですむ
② メタンガスとしてエネルギーが生産される
③ 好気性処理法に比べて余剰汚泥発生量がきわめて少ない

短所
① 処理速度が小さいために処理装置を大きくしなければならない
② 処理水質が悪いために後処理を必要とする
③ 悪臭が発生する

図 3.35　嫌気性下水処理—生成するメタンを燃料として使える—

原料あるいはエネルギー源として取り込んで分解することにより、排水は浄化される。汚泥は沈殿池（あるいは沈殿槽）で分離され曝気槽に返送される。増殖により増えた余剰汚泥は嫌気性消化槽で分解される。

2）嫌気消化：分子状酸素がない状態での排水処理法—生物処理でメタンを生成させる—

　下水処理において発生する汚泥の減量化などを目的として実用化された技術であるが（図3.35）、回収ガス（CH_4　60〜70%、CO_2　30〜40%）を燃料として利用でき、メタンガスの回収は燃料電池などにも利用可能であるため最近注目されている。嫌気性処理のため空気を吹き込む必要がないので、運転動力は活性汚泥法の30〜50%と省エネルギーである。高濃度の有機性排水の処理が可能であり、メタンガスが回収され、設備も小さいなどの利点がある。

2-7　電解水—電気分解で得られる機能水—

　最近いろいろな分野で使われている電解水（電解機能水）は、水道水、希薄な食塩水、希塩酸、カルシウムイオンを含む水などを電気分解して得られる水溶液の総称である。電解水の特性は、電解槽の構造、電極の材質と表面形状、電気分解の条件（電流密度と電解液の流速）、電解溶液の組成などで決まる。電気分解によりマイナス極側に得られる水がアルカリ電解水で、プラス極側に得られる水が酸性電解水である。表3.18に電解水の分類と効能および用途を示した。いろいろな分類の仕方と異なる名称が使われており統一されていないため、いわゆる「科学的根拠のない水」も電解水に紛れ込ませている場合もあるので注意が必要である。ここでは電解水を強酸性水、強アルカリ水、弱酸性水および弱アルカリ水に大別して説明する。電解水の性質についての話には酸性とアルカリ性および酸化と還元が出てくる。図3.36にはいろいろな溶液の酸性アルカリ性を表すpHと酸化還元電位を表すORPを示した。

1）強酸性電解水と強アルカリ性電解水

　電解槽内の2つの電極（陽極、陰極）間に隔膜を置き（有隔膜電解）、水道

表 3.18 電解水の機能と用途—分類の pH と ORP の範囲は統一されていない—

電解水	特性	効能	用途
強酸性水	pH 2.0〜3.5 ORP +1,000〜 +1,150 mV	・洗浄殺菌効果 ・アストリンゼント効果	・生鮮食品の洗浄殺菌と鮮度保持 ・使用器具，床壁，従事者の殺菌洗浄 ・植物栽培の病気発生予防と防除
強アルカリ水	pH 11.0〜12.2 ORP −850〜 −1,000 mV	・除菌洗浄効果 ・成長促進効果	・食材の除菌洗浄と鮮度維持 ・食品加工における調理用水 ・種苗や植物の発芽・成長の促進用散布 ・土壌の中和と改良
酸性水	pH 5.5〜6.5 ORP +700〜 +800 mV	・洗浄殺菌効果 ・アストリンゼント効果	・食材の滅菌洗浄や調理前発酵菌抑制 ・調理器具，床などの洗浄や手洗い用 ・魚肉などの冷凍食品の解凍
アルカリ水	pH 8.5〜9.8 ORP −450〜 −700 mV	・胃腸内の働きの正常化 ・飲料・調理用の美味化	・胃腸内不良などの諸症状用飲料 ・食品調理用 ・魚肉類の変色防止・生鮮食品鮮度保持

(都田（監），「初歩から学ぶ機能水」，工業調査会（2002）より作成)

　水に電解補助剤（NaCl 濃度 0.1% 以下の薄い食塩水など）を添加して比較的高い電圧で電気分解することにより，陽極側に強酸性電解水が，陰極側に強アルカリ性電解水が生成される（電解補助剤を加えて電解の程度を高めた強電解水）（図 3.37）。

　陽極側にできる強酸性電解水には塩素ガスが溶解しており，この塩素ガスから生成される次亜塩素酸（HOCl。陽極における次亜塩素酸の生成の反応式は $Cl_2 + H_2O = HOCl + H^+ + Cl^-$）の働きにより微生物を殺菌し，強力な洗浄消毒作用を発揮する。菌を殺す力が強く，残留性がないことから病院や食品業界などで使用されている。

　ウイルスや雑菌の生存できるのは pH=3.2 以上で，酸化還元電位が +960 mV 以下である。MRSA（メチシリン耐性黄色ブドウ球菌：抗生物質に耐性を持つ細菌）などの感染病原菌やサルモネラ，病原性大腸菌などの食中毒菌に殺菌効果を発揮するといわれている。対象の菌に作用して殺菌効果を発揮した後はすみやかに失効するため，消毒薬・農薬などの化学薬品のような残留性・毒性が

なく，また手荒れの心配もほとんどないことが利点である．殺菌効果を利用し，病害予防，減農薬・無農薬化により安全な農産物の供給と農業従事者の健康維持に役立つとして注目されている．

　強アルカリ性電解水は電気分解により強酸性水の反対側にできる陰極水で，pH 11 以上のアルカリ性，ORP が -850 mV 以上という強い還元力を持っている水である．陰極側にできる強アルカリ性電解水はタンパク質系・脂質系の汚れに洗浄効果のある水酸化ナトリウム（NaOH）が生成される．油やタンパク質の汚れを分解し，脱臭効果もあり，洗濯や食器洗いに使われている．食品利用として，鮮魚のヌメリ取りなどにも威力を発揮する．農業用途では植物の根

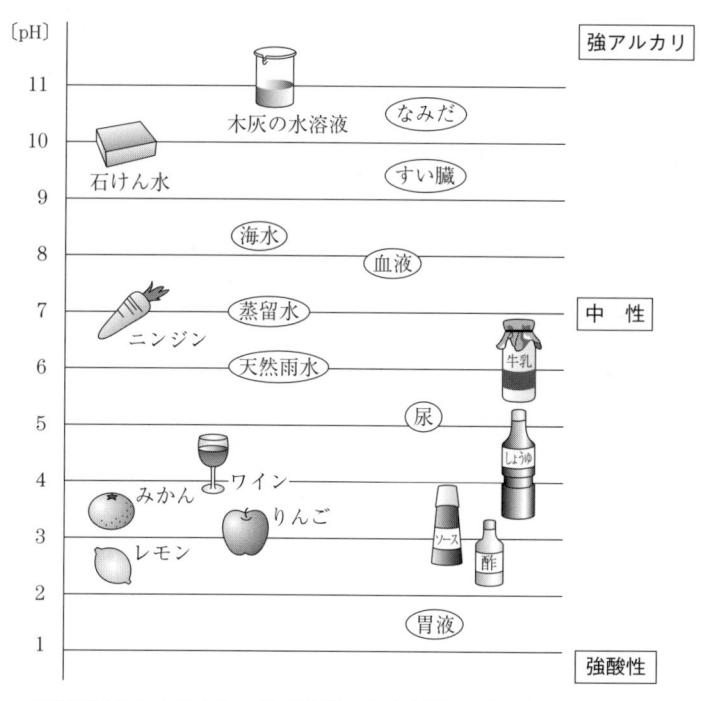

pHは溶液中の水素イオン（$[H^+]$）濃度を表す指標である．pH $=-\log_{10}$（$[H^+]$）と定義され，pH＝7は中性，pH＞7はアルカリ性，pH＜7は酸性である

図 3.36　いろいろな溶液の酸性とアルカリ性および酸化還元電位（その 1）

図中ラベル:
- 縦軸: 酸化還元電位 [mV] (+1,300 ～ −800)
- 横軸: pH (2～13), 酸性水 ←（中性）→ アルカリ性水
- 強酸性水
- 無隔膜電解水
- 弱酸性イオン水
- 一般の水道水
- 清涼飲料水, アルコール飲料水
- ナチュラルミネラル水
- 酸化水 / 還元水
- 生体水
- アルカリイオン水
- 人工的ミネラル水
- 魚介類, 肉類
- 強アルカリ水
- ＋200mVは純水の標準酸化還元電位
- $2H^+ + e^- \rightleftarrows H_2$の値を$E_0 = 0$〔V〕に定めている

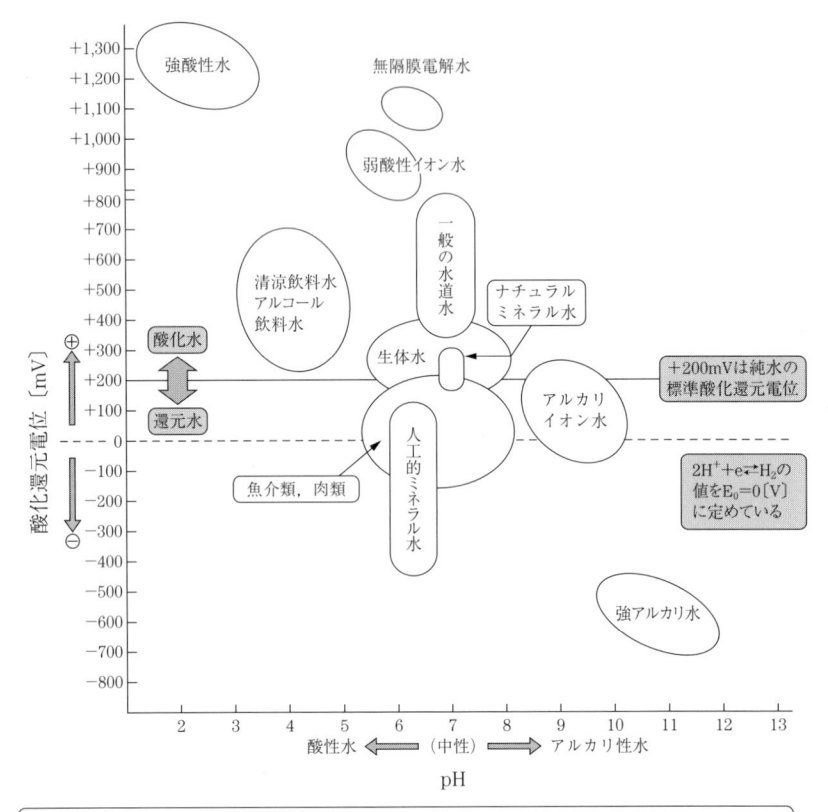

アルカリイオン水の中で，マイナスの還元電位（−200mV以上）を有するイオン水が「アルカリ還元水」で「還元水」または「活性水素水？」とも呼ばれている。活性酸素が肉体をサビさせ，さまざまな疾病の原因になっている。この過酸化状態の体を「還元」し，健全な状態に戻してくれるのが「還元水」と記述されているがそれは事実？

酸化還元電位（ORP：Oxidation-Reduction Potential）は電子のやり取りの強弱を表し，＋値は電子を取るほうで−値は電子を与えるほうである。＋値が大きいほど強い酸化力を表し，−値が大きいほど強い還元力を表す

図3.36　いろいろな溶液の酸性とアルカリ性および酸化還元電位（その2）
（左巻，「おいしい水 安全な水」，日本実業出版社（2000），松尾，「電解水の基礎と利用技術」，技報堂出版（2000）より作成）

2 人工的な機能水

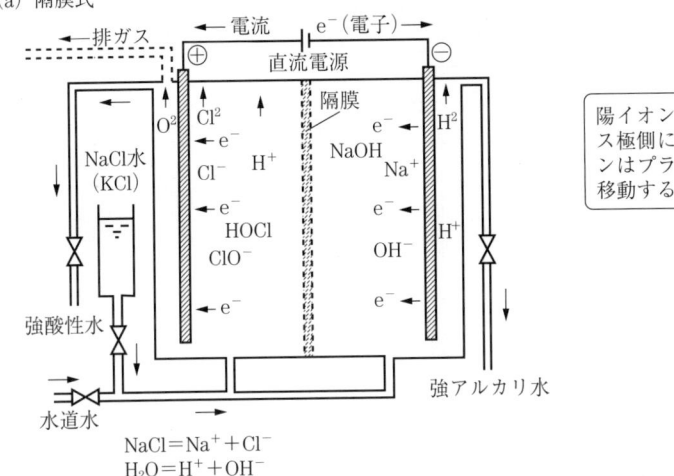

(a) 隔膜式

```
陽イオンはマイナス極側に，陰イオンはプラス極側に移動する
```

$NaCl = Na^+ + Cl^-$
$H_2O = H^+ + OH^-$

陽極で起こる代表的な反応：

$2H_2O = O_2 + 4H^+ + 4e^-$ （酸素ガスの生成） ①
$2Cl^- = Cl_2 + 2e^-$ （塩素ガスの生成） ②
$Cl_2 + H_2O = HCl + HOCl$ （次亜塩素酸の生成） ③
$Cl_2 + 2OH^- = ClO^- + Cl^- + H_2O$ （次亜塩素酸イオンの生成） ④

陽極水は ②式が主反応の場合は塩素を含んだ酸性の電解水

陰極で起こる代表的な反応：

$2H_2O + 2e^- = H_2 + 2OH^-$ （水素ガスの生成） ⑤
$O_2 + 2H_2O + 2e^- = H_2O_2 + 2OH^-$ （過酸化水素の生成） ⑥
$H_2O_2 + 2e^- = 2OH^-$ ⑦
$Na^+ + OH^- = NaOH$ （NaOHの生成） ⑧

陰極水は ⑤式が主反応の場合は水素を含んだアルカリ性の電解水
⑥式が主反応の場合は過酸化水素を含んだアルカリ性の電解水

```
陽極側には，強力な除菌効果を示す次亜塩素酸HOClが生成する
陰極側にはタンパク質系の汚れの洗浄効果がある強アルカリ水が生成する
```

```
次亜塩素酸（HOCl）の殺菌メカニズムは：
　細菌の細胞膜に浸透し，細胞に不可欠な呼吸系酵素を破壊することで，細胞の同化作用を停止させる。細菌の細胞組織のタンパク質やアミノ酸に作用して，その化学的性質を変質させたり，分解したりする。ほかの殺菌剤では，このように細胞膜に浸透して効果を上げるものはない。このため，強酸性電解水は耐性菌を作り難いといわれている
```

図 3.37　電解水の製造（隔膜式および無隔膜式電解法）―電解槽で起こっている反応は複雑である―（その1）

(b) 無隔膜式

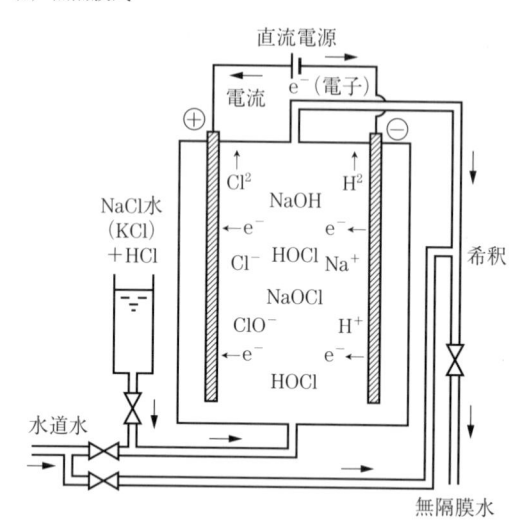

```
           直流電源
        ┌──┤├──┐
     電流    e⁻(電子)
       ⊕        ⊖
       Cl²      H²
NaCl水    NaOH
（KCl）  ←e⁻  ←e⁻
＋HCl    Cl⁻ HOCl  Na⁺    希釈
            NaOCl
         ClO⁻    H⁺
         ←e⁻  ←e⁻
            HOCl
水道水
        無隔膜水
```

代表的な反応は　$2NaCl + 2H_2O = 2NaOH + Cl_2 + H_2$
　　　　　　（陽極ではCl^-イオンの放電でCl_2を生成し，陰極ではH^+の放電でH_2を生成する。Na^+はOH^-と反応して$NaOH$となる）
さらに，以下の反応などが起こる
　　　　　　　$Cl_2 + 2OH^- = ClO^- + Cl^- + H_2O$
　　　　　　　$Cl_2 + 2NaOH = 2NaOCl + H_2$
　　　　　　　$Cl_2 + NaOH = HOCl + NaCl$

図 3.37　電解水の製造（隔膜式および無隔膜式電解法）―電解槽で起こっている反応は複雑である―（その 2）

（松尾，「電解水の基礎と利用技術」，技報堂出版（2000）より作成）

への吸収効果を利用し，成長促進，農作物の収量増加，味覚・糖度などの品質向上に強酸性電解水と組み合わせて使用し効果的であるという報告もある。なお，飲用には適さない。隔膜の材料としては，素焼き板，金網，ガラス繊維不織布，高分子膜，イオン交換膜，ポリプロピレン不織布などが用いられる。

　食塩などの電解補助剤を添加せずに水道水を電気分解した電解酸性水や，電解質ではなく塩酸を添加して作る電解酸性水，隔膜のない装置で電解された無隔膜電解水もある（表 3.19）。

表3.19 各種電解水の製法と特性

電解水	pH	有効塩素	ORP	被電解液	電解槽	効能
強酸性電解水	2.2〜2.7	20〜60 ppm	>1.1 V	食塩水（<0.1%）	有隔膜・陽極	殺菌・脱臭
強アルカリ性電解水	11〜11.5	<1	−0.9	食塩水（<0.1%）	有隔膜・陰極	洗浄・抗酸化
微酸性電解水	5〜6.5	10〜30	〜0.8	3% 塩酸水	無隔膜	殺菌
微酸性電解水	5〜6	50〜80	—	食塩水（<0.1%）＋pH調整剤	無隔膜	殺菌
電解次亜水	8〜9	80〜100	—	食塩水（<0.1%）	無隔膜	殺菌
アルカリイオン水	8〜10	—	—	水道水＋乳酸Ca	有隔膜・陰極	病態改善・美味

（生命・フリーラジカル・環境研究会，「水と活性酸素」，オーム社（2002）より作成）

2）弱酸性電解水と弱アルカリ性電解水

隔膜を用いない無隔膜式の場合，電解槽内では両極の生成物が共存するため，水質や温度によるが，中性に近い弱酸性や弱アルカリ性の水が生成される。隔膜がないため，両極の反応生成物が混合するが，電極の触媒能により陽極と陰極の電解生成物のバランスが H^+ より OH^- のほうに傾くために生成される電解水は弱アルカリ性（pH 8〜9）を示す。この電解水は次亜塩素酸ナトリウムの希釈液に相当するもので，電解次亜水と呼ばれる。

3）アルカリイオン整水器（活水器）でできる水（弱アルカリ性水 pH＝8〜9）

——いろいろな名前を付けられている電解水の機能は本当なのか？——

「アルカリイオン水」という名称は科学的根拠が示されていない水に使われていることがあるので注意が必要である。食品添加用のカルシウム化合物（乳酸カルシウムなど）を入れた原水を，陰極・陽極間に分離膜を設けた電解槽に入れ直流電流により電気分解を行うと，陰極側にアルカリイオン（弱アルカリ性）水，陽極側に弱酸性水を生成する（表3.20）。厚生労働省が薬事法に基づいて承認しているといっても効能が保証されているわけではない。

アルカリイオン水の作り方は水道水に直流電圧を印加して電気分解し，陰極側に集まったアルカリ性のイオン水を利用するものである。アルカリイオン水はpHもマイルドであり，有害な物質が電解生成されないようになっている電

表 3.20 アルカリ性電解水の概略

	アルカリイオン水	強アルカリ性電解水	アルカリ性電解水
生成装置	アルカリイオン整水器	強酸性電解水生成器の陰極水	アルカリ性水生成器
添加塩	乳酸カルシウム	食塩（100 ppm）	無添加
隔膜	ポリエステルシートなど	イオン交換膜 ポリテトラフロロエチレンシートなど	イオン交換膜
電流密度〔Adm^{-2}〕	0.4〜0.8	2〜15	2〜15
用途	飲用	可溶性タンパク質，脂質の洗浄	油脂乳化，防錆
pH	8〜9.5	約 11	約 10
おもな組成	水素，カルシウムイオン	水素，塩素，過酸化水素，クロロホルム	水素，過酸化水素

（生命・フリーラジカル・環境研究会，「水と活性酸素」，オーム社（2002）より作成）

解装置で得られているのであれば，飲用に適しているであろう。アルカリイオン水はpH 8〜11くらいのミネラルウォーターであるともいえる。弱アルカリ性電解水そのものであるにすぎないのだが，整水器あるいは活水器と呼ばれるもので作られると特別の機能を持つかのような誤解を招く表現が多い。体の中の体液は一般に弱酸性から弱アルカリ性の範囲にあるので，アルカリイオン水を飲むとかえってそのバランスを崩す恐れがあるという指摘もある。

市販されている「アルカリイオン整水器」は一般に浄水器と一体で使われる。アルカリイオン水の組成は，電解槽に使われる隔膜や電極の材質，水に含まれるイオン種，微量含まれる有機物や溶存酸素などに影響される。

アルカリイオン水の効能効果については，飲用して慢性下痢，消化不良，胃腸内異常発酵，制酸，胃酸過多に有効であるといわれているが，アルカリイオン水のアルカリ度は低いため，飲んで胃酸を抑える力は非常に弱いという報告もある。

陽極側の水は酸性水で飲料用には適さない。酸性を示すので化粧水（アストリンゼン）として利用することができるとしているが，これも特に効果はないという報告もある。

電解水でウイルスなどを抑制する機能を強化した空気清浄機が販売されている。その機械では水道水を電気分解して除菌効果のある活性酸素を含んだ電解水を作り，その電解水を超音波で微細な霧として室内に放出するシステムである。活性酸素といわれているのはスーパーオキシド（$\cdot O_2^-$），過酸化水素（H_2O_2），ヒドロキシラジカル（$\cdot OH$）などであるが，これらがどのように電解水中で生成しかつ存在し除菌効果を発揮しているのかは不明である。

2-8 超臨界・亜臨界水―気体それとも液体：臨界状態近傍での特異性による機能水―

水の臨界点（374℃（＝647 K），218 atm（＝22.1 MPa））を超えた液体と気体の性質をあわせ持つ水が超臨界水である（第2章5参照）。どんなに狭い隙間にも入っていける気体の性質とものを溶かす液体の性質をあわせ持っているため，無機物から有機物までいろいろの物質を溶かす能力を利用した物質の合成

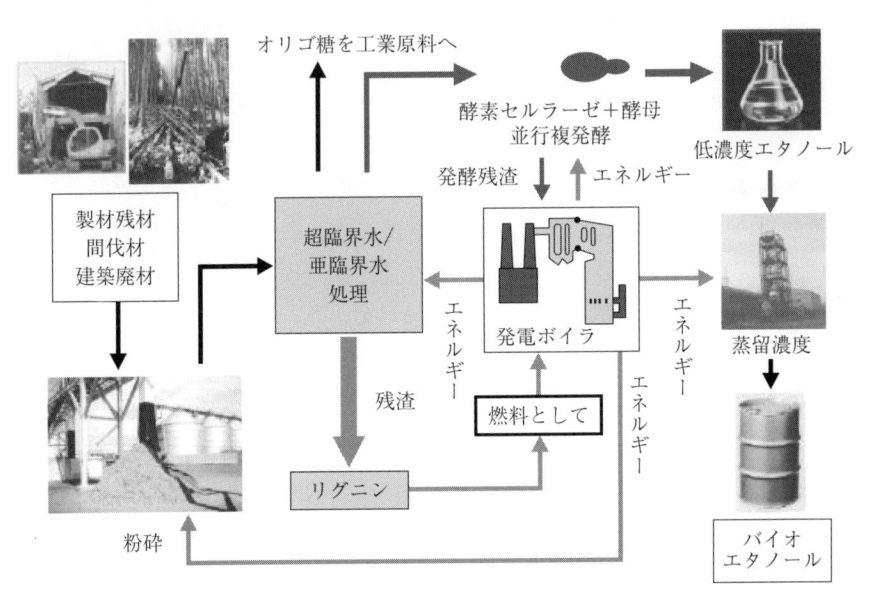

図3.38 超臨界水を使った木材からバイオエタノールの生産
（森林総合研究所のホームページより作成）

や抽出に利用されつつある。超臨界状態では，温度あるいは圧力を変えることにより密度，粘度，拡散係数，誘電率，電気伝導率，熱容量などの物性を大きく変化させることができる。その特性により，超臨界水の化学反応系の溶媒あるいは反応物質そのものとしての利用が注目されている。バイオマスや廃プラスチックの分解，種々の有機物合成反応などの溶媒としての使用が検討されている。例として，超臨界水を使った木材からバイオエタノールの生産のプロセスを図3.38に示す。

臨界点より少し温度の低い高温高圧水が亜臨界水であり，工業的利用の検討が行われている。

2-9　過熱水蒸気・高温高圧水蒸気—水蒸気の持っている機能とは—

水蒸気は，機械，化学，食品加工，環境などで広く利用されている。常圧過熱水蒸気は食品の解凍や焼成操作に使われている。常圧過熱水蒸気は，100℃で蒸発した飽和水蒸気を常圧のまま100℃以上に加熱した水蒸気である。大気圧近傍の過熱水蒸気は古くから調理や食品加工に利用されてきた。常圧過熱水蒸気は，常圧であるため装置も簡単で，食品の加熱に好適な遠赤外線（波長が$4〜1,000\,\mu m$の熱線としての性質を持つ電磁波である。遠赤外線は熱を持った物体からは必ず放射されている。高い温度の物体ほど赤外線を強く放射する。波長が長いほうが物体に浸透する能力が大きくなるので，遠赤外線を用いることにより，対象を内部から暖めることができる。熱線として調理や暖房など加熱機器に利用される）を放射する特徴を持っている。

加熱における最大の特徴は，過熱水蒸気雰囲気中のため酸素が遮断されており，酸化を防止した焦げ目のある焼きができることである。例として，天ぷら油のガス火や電子レンジ加熱との比較試験表を表3.21に示す。乾燥後の製品の殺菌や多孔質化（高品位化）も知られている。火もマイクロ波も使わず，常圧で水を100〜300℃まで上げた過熱水蒸気だけで「食品を焼く」ため，普通のオーブンと違って「余分な油を落としながら焼くことができる」という宣伝文句のオーブンが販売され，健康ブームに乗ってヒット商品になっている。

最近，冷凍食材輸入の急増により，解凍加工することが多くなっている。こ

表 3.21　各種加熱による天ぷら油酸化の比較

	POV〔mg-当量/kg-油脂〕	AV〔mg〕
未加熱天ぷら油	1.81	0.27
ガス加熱油*	5.16	0.39
電子レンジ加熱油	4.30	0.27
過熱水蒸気加熱油	2.90	0.27

(㈳日本冷凍空調学会ホームページより作成)
POV：油脂成分がどの程度酸化しているのかを示す指標（空気中の酸素によって自動酸化を起こし過酸化物が生成する。POVはこの過酸化物の量を示す。一般にはPOVの値が大きいほど酸化が進んでいる）
AV：酸価（油脂中の遊離脂肪酸量を示す値で油脂の変質の度合いを表す。酸価が高い程風味が悪い）
＊）170℃加熱

> 魚を焼く場合，水蒸気であるから焦げ目がつかないのでないかと思われがちであるが，遠赤外線で放射されているから，焦げ目はできる。ガス火や電熱では，よく火を通そうとすると尾の部分などは真黒に焦げるが，この過熱水蒸気ではそのようなことはなく，全体に平均的に薄めの焦げ色となり，製品としての見栄えも良い

の場合，過熱水蒸気を用いると，解凍と加工が同一コンベアの移動中に短時間に行える。また，食品中の水溶性成分の流出や退色が少ないなどの利点がある。

高温高圧の水蒸気は亜臨界水と似た反応性があることが見出されている（第2章6参照）。その応用が特に食品工業で検討されている。従来，水蒸気は殺菌，煮沸，乾燥，クッキング，焙煎などに水蒸気の持っている高い熱量を利用するために用いられてきた。しかし，水蒸気中の水分子が持つ機能が注目されている。高温高圧水蒸気が断片化，加水分解（化合物と水が反応して化合物が分解する），水酸化などの反応に特徴的な機能を持っている。

2-10　高圧水―高圧という機能を利用した技術―

ウォータージェットによる切断には，超高圧水だけで切断するアクアジェット切断（ゴムやナイロン，紙，布，プラスチックなどの比較的軟質な材料を切断できる。また，ますの寿司のような食品の切断にも適している）と，超高圧水に研磨材（ガーネットなど）を混入させたアブレシブジェット切断（金属

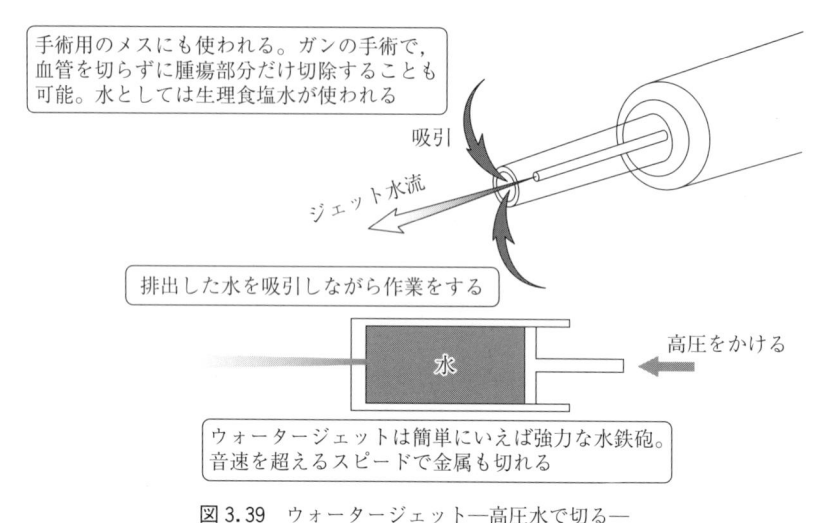

図中:
- 手術用のメスにも使われる。ガンの手術で，血管を切らずに腫瘍部分だけ切除することも可能。水としては生理食塩水が使われる
- 吸引
- ジェット水流
- 排出した水を吸引しながら作業をする
- 水
- 高圧をかける
- ウォータージェットは簡単にいえば強力な水鉄砲。音速を超えるスピードで金属も切れる

図 3.39　ウォータージェット―高圧水で切る―
(石原，「ズバリとわかる！　知っておきたい水のすべて」，インデックス・コミュニケーションズ（2004）より作成)

［アルミ，チタン，銅，鉄鋼など］やガラス，複合材，石などの硬質材を切断できる）がある。水にかける高圧は 300 kg/cm² 程度である。

　ウォータージェット切断は，切断時に熱が発生しない，粉塵が発生しない，複雑な形状の切断が可能，脆性材，硬質材の切断が可能，切断費用が安い，切断面の濡れが少ないなどの利点がある。

　ケーキのように柔らかいものも形を崩さないできれいに切断できる。また，切断以外に泥などで詰まりやすい配管の洗浄や横断歩道の白線や文字の塗料をはがすときにも使われる（図 3.39）。

2-11　溶存ガス制御水―オゾン，水素などを溶解することで機能を持った水―

1）オゾン水

　殺菌（除菌）力や脱臭力などに優れているオゾンは，水に溶解させ殺菌（除菌）洗浄に用いられている。オゾン（O_3）が水（H_2O）に溶解しているオゾン水はオゾン（O_3）と同様の特性を持っている。液体にすることで扱いやすく，

安全に使用できる。

　オゾンガスを水に溶解させたオゾン水は，その強力な酸化力による消毒・殺菌に広く使用されている。一般には，放電や水の電気分解により発生したオゾンガスを水に溶解させて作る。オゾン水の強力な酸化力（自然界においてフッ素に次いで二番目に酸化力が強い［表3.13参照］。特に有機物は水と二酸化炭素の無機物にまで分解する）は，オゾン自身による直接酸化のほかにオゾンがOH^-と反応して生じる・OHラジカルによる間接酸化に起因する。純水，プール用水などの殺菌処理や有機性排水処理など水処理分野で広く使用されている。酸化分解により消毒・殺菌した後オゾンは急速に酸素に戻るため残留性がなく，耐性菌を作り難く，臭い物質の無臭化にも有効であるなどのメリットを持っている。

　殺菌力と脱臭力（殺菌力は広範囲で，塩素殺菌の約7倍。脱臭力は，原因物質を化学的に直接分解し即効性がある。オゾン水は中性pH 7.0で，長期使用での手荒れがなく皮膚にやさしい）があり，二次的に食品への鮮度保持効果があるオゾン水は，食品添加物に指定され，加工食品（生食野菜など）への直接使用で安全性が認可されている。

　オゾン溶解水による半導体の洗浄は，対象物の表面を疎水性から親水性に変え，有機物を加水分解により有機酸として水に溶かして除去する。オゾンを溶解した超純水あるいはさらに超音波を印加した水がシリコンウェハ洗浄工程の洗浄溶液として使われている。

　気体のオゾンを水の中に溶け込ませた状態で凍らせた高濃度のオゾン氷は鮮度保持などでの利用が期待されている。

2）水素溶解水

　高濃度水素溶解水は微粒子除去に有効である。水素溶解水はウェハ洗浄などに使われている。製造方法は，まず気体透過膜で気体側を減圧にして原水中の溶存ガスを脱気し，ガスに対してハングリーな状態になった水に水素ガスを溶解させて高濃度水素水を製造する。

　水素ガスが多く溶解していると紫外線照射などで発生した・OHラジカルの

一部が溶存水素分子と反応して水になり，その結果再結合相手のない・Hラジカルがウェハや異物の表面に効率よく作用して微粒子除去に寄与するという説もある．水素溶解水と超音波の併用の液晶ディスプレイ洗浄への応用も検討されている．

2-12 脱気水—溶存ガスを脱気して活性化した水—

脱気水はガス溶解水の逆で溶存ガス濃度を低く抑えた水である．減圧（気体分圧を減少させる），加熱（加熱して溶存ガスの溶解度を低下させて追い出す），超音波処理により水に溶解している気体成分を除去した水である．気体は透過するが水を通さない脱気膜を用いても作れる．脱気水は古くからボイラの腐食を防止するための給水として利用されてきた．脱気水は食品製造にも使われている．脱気により，水の浸透性の上昇（短時間に均一な浸漬，味付けができる），沸騰時の気泡発生（組織を破壊するために煮くずれする）の抑制，溶存酸素の減少による酸化防止効果が期待される．

2-13 超音波処理水—超音波を照射して活性化—

超音波（人間が聴き取れる上限の音［20 kHz 程度］よりも高い周波数の音波）を照射し水分子を励起させて活性種（OHラジカルなど）を生成させた水である．水に周波数 20 kHz～数 MHz の強力なパワーの超音波を照射すると，

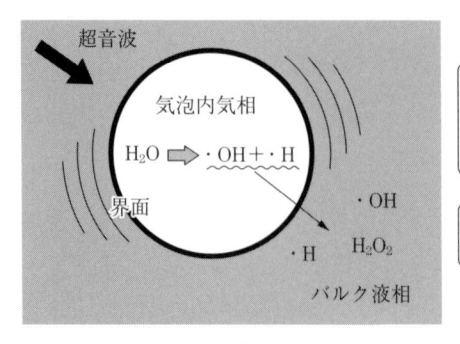

図 3.40　超音波の照射でできるキャビテーション気泡—ソノケミカル反応—
（飯田，「ソノプロセスのはなし」，日刊工業新聞社（2006）より作成）

水中で溶解していた気体に起因するキャビテーション（小さな気泡）が発生する（図 3.40）。そのキャビテーションの崩壊時に局所的に高温・高圧の反応場であるホットスポットが形成される。キャビテーション気泡の圧壊時に衝撃波やジェットが発生するといわれている。このホットスポットで，水分子が分解し反応性の高い・OH ラジカルが生成する。オゾン溶解水などガスを溶解させた水に超音波照射を行うと溶存活性種が増加するといわれている。

3 科学的根拠が示されていない機能水 ―いろいろある「不思議な水」―

「不思議な水」がこの世の中にはたくさんある。本当に機能を持っているのであれば，実証実験を行い是非その科学的根拠を明確に示してもらいたい。今のところ科学的根拠について疑問がある，いわゆる「不思議な水」の代表的なものについて，その概略を以下に示す。

3-1　π（パイ）ウォーター　―水のパイ化って何なの？―

πウォーターは「植物が早く成長する」，「切り花が長くもつ」などといわれている。その水の根拠となるπウォーター理論によると，生命を支えている状態とは，ある種（二価，三価）の鉄塩によって誘導された状態であり，正しい情報を持った微量の鉄塩を体内に入れると本来あるべき健康な体になると説明されている。しかし，その科学的実証は示されていない。

3-2　波動水（薬石水）―自然鉱石により処理して活性化した水？―

医王石（主要鉱石は海緑石と称する一種の雲母。金沢近辺では石垣や土蔵などに使用された），麦飯石（中国では皮膚病などの疾患に効く漢方薬として重用されてきた。火山岩中の花崗斑石に属し，煙色の高温石英や白っぽい長石などからなる），トルマリンなどの鉱物，天然素材を原料とするセラミックスなどに接触させることにより波動エネルギーを付加して活性化したと説明されて

いる水である。水のクラスターが小さくなり，酸化還元電位がマイナス側に変わるため，波動が修正され体の免疫力が高まるなどの効能があるといわれている。MRA（磁気共鳴分析装置）が開発され，その物質が持つ波動の共鳴周波数を調べられるようになり，その考え方を基礎として健康によい波動を情報として種々の石により活性化した水と説明されている。この種の機能水については科学的根拠は示されてない。

3-3 電磁場処理水（磁気処理水）—磁気処理で水はどう変わったの?—

磁気処理された水は赤水防止効果や防錆効果があるとされ，ボイラ用水の処理に利用されている。永久磁石のN極とS極の間をある流速以上で水道水などを通すと（図3.41），ボイラのスケール（水垢）生成が抑制されたり付着スケールが剥がれ，さらに金属腐食が抑制されるといわれている。また，磁気処理水で植物を育てると，発芽の時期が早くなったり，根や茎の発育が促進されるといわれている。磁気により水の構造が変わり，クラスターの小さい水になるため細胞に浸透しやすく体に吸収されやすくなるといわれている。電気的極性を持った水分子が強力な磁場の中を通ると，水分子同士の結合が切り離されてクラスターが小さくなり，それにより水の浸透力と溶解力が高まる。さらに，水の表面張力が低下し密度が上昇するので，熱効率がよくなるともいわれている。しかし，その科学的根拠は示されていない。磁石の間を電解質を含む水が流れると，超電力が発生し電流が流れ水の電気分解が起こるという説もある。

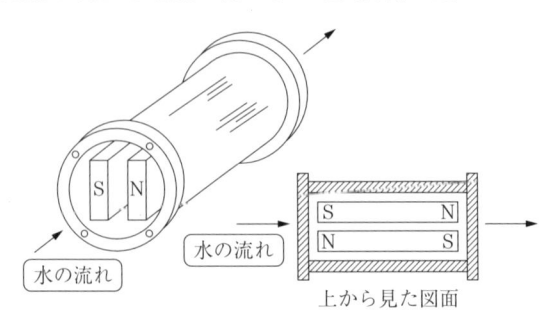

図3.41 水の磁気処理装置

（久保田，「おもしろい水のはなし」，日刊工業新聞社（1994）より作成）

しかし，強力な磁石で水を磁化したとしても，その磁場エネルギーは水分子自体が持っている熱運動エネルギーよりも3桁も小さいという批判も出されている。

3-4 活性水素水―活性水素って何？ 有名な奇跡の水であるドイツのノルデナウ地区の湧水も活性水素水って本当？―

　活性水素水（還元水素水ともいわれる）は，美容や健康に良いというふれこみである。還元水素水は老化や生活習慣病の原因にもなる活性酸素（活性酸素はさまざまな病気を引き起こす原因であり，その強い酸化力から正常な細胞も破壊し，われわれを病気や老化へ追い込むと考えられている。活性酸素は，呼吸して食べ物を燃やして必要なエネルギーを作り出すときや，不摂生やストレスを感じたときなどに発生する。活性酸素は通常の酸素より電子が1つ少ない電気的に不安定な状態となり，正常な細胞から電子を奪おうとする［酸化］。こうして電子を奪われた細胞は，酸化され，死滅してしまう。ただし，活性酸素はすべてが有害であるというわけではない。細菌やウィルスの侵入を防いでくれる）に，還元水素水の水素が結合して無害な水に変えるという説明がなされている。活性水素とは分子状態でなく単原子で存在する水素（普通の水素イオン H^+ ではないらしい）のことであり，活性酸素を還元して消滅させてくれるという。しかし，不安定と考えられる原子状の水素がなぜある条件下の水に安定して存在するのかなどについて科学的説明はない。

第4章

これからの水と人間
──環境に優しい水──

物質とエネルギーの消費量を増やし，その速度を速めることにより便利な生活を手にしてきた人間は，忍び寄る環境の異変に気付き慌てふためいている。これからも，人間が生きていく上で必要な，便利な機能を持った水がさらに出現するであろうが，それらは人間に優しいのはもちろんのこと，環境にも優しい機能を持った水でなければならない。今後実用化に向けさらに研究・開発されるであろう機能水を使った新しい技術をいくつか紹介する。それらのキーワードは健康，環境，エネルギーである。

1 健康に役立つ水

1-1 水耕(養液)栽培による植物工場─安全な食料の確保につながるのか─

完全制御型の植物工場では，完全無農薬により，新鮮で栄養価の高い野菜を狭い土地で大量生産することができる。また，土壌がないために除草作業もなく農作業は楽で，気象の変化も心配する必要がないなど，完全に管理された農業が可能であるとして，植物工場による農業の実用化が進められている（図4.1)。野菜の栽培は工場生産のかたちを取るので，季節に関係なくいつでも旬な野菜を提供でき，さらに生産調節ができる。市場の予測により，計画生産が行えるのが植物工場製品の特長である。ただし，太陽光の代わりに使用する人工光源のエネルギーのコストが高いという問題点がある。

植物工場は，湛水（たんすい。水をたたえる）・循環型の水耕栽培と薄膜水耕などの非固形培地栽培と，土の代わりにロックウール（輝緑岩や玄武岩あるいは鉄鋼石から鉄を取り除いたスラグを，コークスや石灰石と混合して1,600℃の高熱で溶解し，回転シリンダにかけて綿あめ状に繊維化して圧縮熱処理したもの。無菌で無機質である。植物が根を伸ばすための空隙が95％以上あり，通気性，保水性，保肥性に優れ，生長の過程も早く，土に付く病害虫も心配いらない)・れき・薫炭（くんたん。稲の籾殻をいぶし焼きにして炭にしたもの）などの培地を用いた固形培地栽培に分かれる。植物繊維の培地に苗

1 健康に役立つ水　151

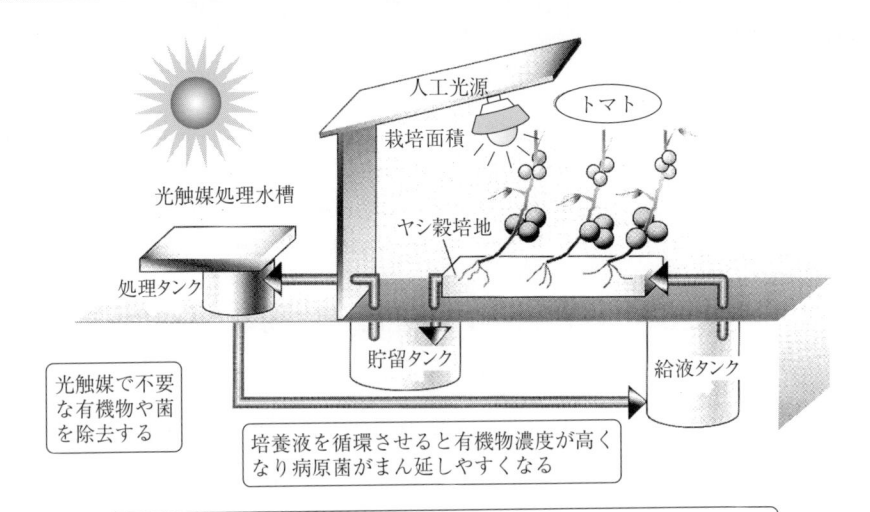

光触媒で不要な有機物や菌を除去する

培養液を循環させると有機物濃度が高くなり病原菌がまん延しやすくなる

肥料を含んだ養液を発砲スチロール性の水路に流し，スチロールのベットに苗をはめ込み育てる。水耕栽培には培地を使用せず培養液のみで栽培する方法と，根の支持などのために何らかの培地を利用する方法がある。温度維持に優れている発泡スチロール製のベットを用いることが多い

植物にとって土は必要か？
　植物は，水分，窒素，リン酸，カリなどの養分を含んでいる土から根が酸素と水分に溶けた肥料を吸収し，さらに茎や葉に太陽光線があたって炭酸ガスを吸収し，適当な湿度と温度のもとで生育する。土を使った栽培では植物は土の中の無機物を栄養源として吸収するが，土がなくても必須無機元素の吸収ができれば生育する

植物工場では環境がクリーンに管理され，水耕栽培で土壌を使用せず，農薬散布もしないため細菌の数が非常に少ない。水をさっと表面にかける程度で食べられる。外部の環境に左右されることなく，一年中安定に生産できる

図 4.1　植物工場で安全な野菜を作る―土壌がなくても大丈夫なのか？―
(橋本，藤嶋，「図解 光触媒のすべて」，工業調査会（2003）より作成)

をはめ込み，その培地に養液を流して育てる方法もある。水耕では水耕専用の肥料を用いるが，専用肥料は高純度に精製されている必要がある。
　植物の光合成に必要な太陽の光を人工光源にすれば完全室内栽培ができる。ただし，植物の育成にはそれに適した照明でなければならない。蛍光灯でもあ

る程度栽培できるが，メタルハライドランプやナトリウムランプなどが植物育成に適しているといわれている。消費電力のコストが高いこともあり，人工光源についてはさらに検討が必要である。

養液として使われた培養液を廃液とするのではなく，光触媒により培養液中の不要な有機物と細菌だけを分解し（後出 1-2 を参照）再利用する技術も提案されている。

1-2　水と光触媒による健康的な居住空間—酸化分解力と超親水性でクリーニング—

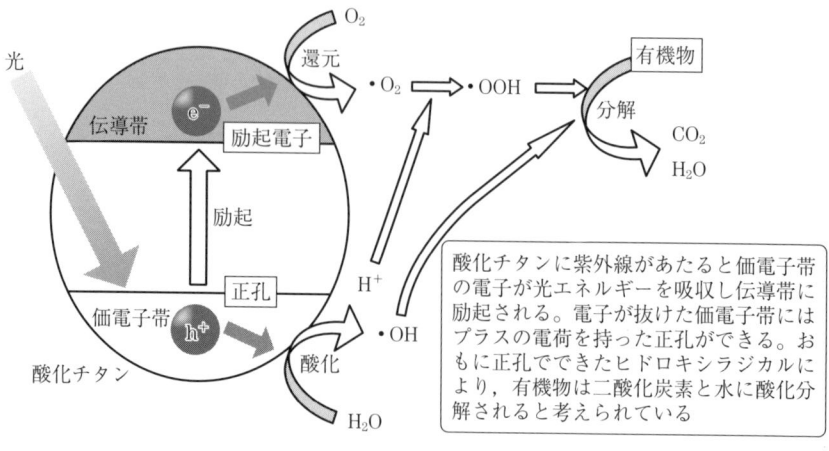

光触媒は光により触媒として作用する物質で，最も有名なのが酸化チタン（TiO_2）である。光触媒の用途が広がり最近注目されている。酸化チタンは，光を吸収することにより価電子帯（電子の詰まっているある程度幅を持ったエネルギー準位の帯［エネルギーバンド］）の電子（e^-）が伝導帯（価電子帯の上にある空帯［電子が詰まっていないエネルギー準位の帯］。酸化チタンの場合は伝導帯には通常電子は存在しない）に励起される。一方，電子が抜けた価電子帯にはプラスの電荷を持った正孔（h^+）ができる。これらが水や酸素と反応して・OHラジカルやスーパーオキサイドアニオン（$\cdot O_2^-$）などの活性酸

図 4.2　光触媒による水中の有機物の分解—有害な有機物を無害化する—

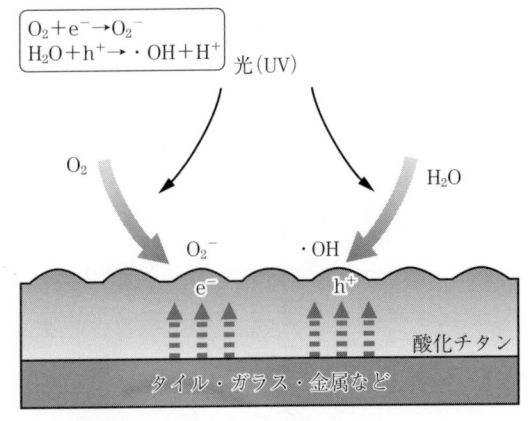

1 健康に役立つ水

$$O_2 + e^- \to O_2^-$$
$$H_2O + h^+ \to \cdot OH + H^+$$

(a) 光触媒の分解能による除菌

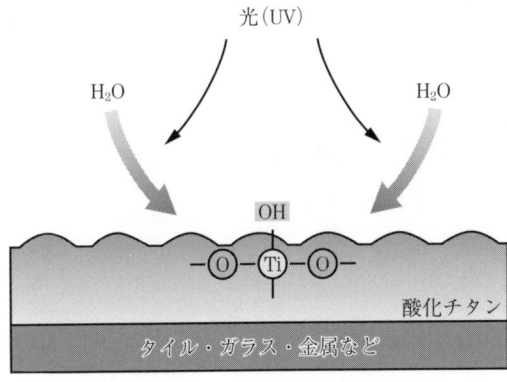

光エネルギーによりe⁻（電子）とh⁺（正孔）が生じ，空気中あるいは水中に溶解しているO₂とe⁻が，H₂Oがh⁺とそれぞれ反応することにより酸化チタン表面にO₂⁻（スーパーオキサイドイオン），・OH（ヒドロキシラジカル）という強い分解力を持つ活性酸素が生成する。さまざまな有機物を分解し，また雑菌や細菌を除菌することにより汚れのこびりつきや臭いの発生を防ぐ

(b) 光触媒の親水性により汚れを洗い流す

酸化チタンを構成しているTiと，空気中のH₂Oが反応を起こし，酸化チタン表面に，水とのなじみが非常によい-OH（親水基）ができる。水が汚れの下に入り込み，浮き上がらせることによって，汚れを流れ落す

図 4.3　光触媒をコーティングした汚れにくい外装建材—セルフクリーニング効果—

素を生成し，それらの強力な酸化力により有機物を分解する（図4.2）。

外装建材のコーティング材として光触媒は利用されている。光触媒が持っている酸化分解力により壁表面に付着した油分を含めた汚れを分解し，さらに光触媒による親水性により活性酸素で付着力の弱まった汚れは容易に雨などで洗い流される（図4.3）。

エアコンに代わる光触媒を利用した自然冷房が検討されている。ビルの壁や屋上を酸化チタンでコーティングし少しずつ水を流すと，光触媒の親水性によ

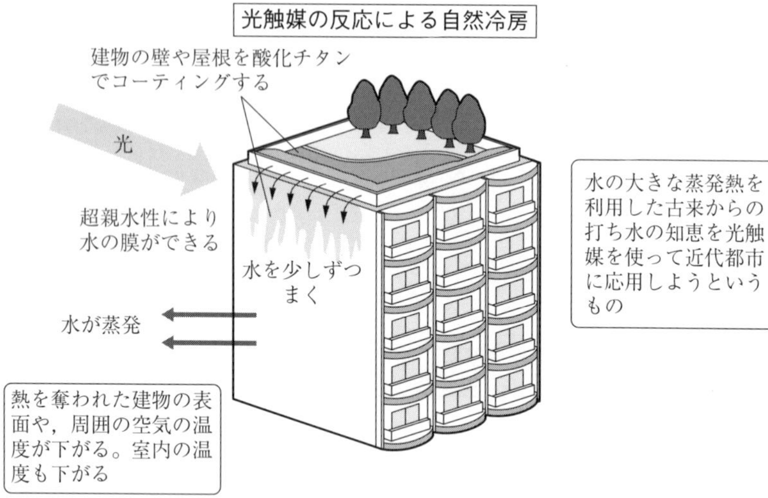

第4章 これからの水と人間

光触媒の反応による自然冷房

- 建物の壁や屋根を酸化チタンでコーティングする
- 光
- 超親水性により水の膜ができる
- 水を少しずつまく
- 水が蒸発
- 熱を奪われた建物の表面や，周囲の空気の温度が下がる。室内の温度も下がる
- 水の大きな蒸発熱を利用した古来からの打ち水の知恵を光触媒を使って近代都市に応用しようというもの

図4.4　光触媒による親水性で快適空間―水の蒸発熱によりビルを冷やす―

り薄い水の膜ができ，その水が蒸発する際に周囲から蒸発熱を奪い温度を下げることができる（図4.4）。

2　環境に役立つ水

2-1　超臨界水酸化分解―ダイオキシンやPCBなどを無害化―

超臨界水酸化技術は，臨界点（374℃，22 MPa）以上の温度・圧力の水の中で有機物を水と炭酸ガスに酸化分解する技術で，ダイオキシンやPCBなどの有害物を無害化できる技術として注目され実用化されている（図4.5）。

毒性の高い有機溶媒に代わり，環境に優しい超臨界水を反応溶媒として有機合成に利用する技術も検討されている。製品に残存して健康被害を及ぼすリスクが低く，環境に及ぼす悪影響も少ない超臨界水の利用は，今後さらに広がると思われる。

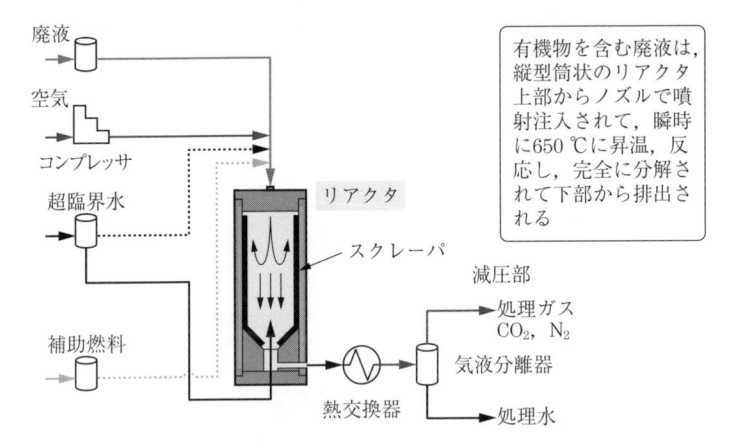

図 4.5 超臨界水を用いた有機物の酸化分解
(栗田工業のホームページより作成)

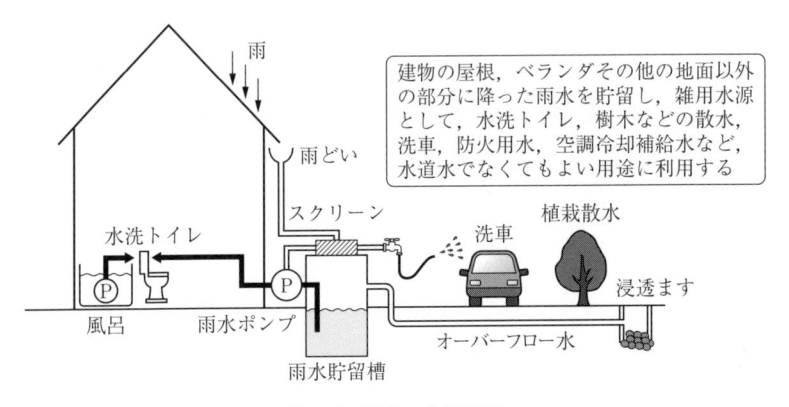

有機物を含む廃液は，縦型筒状のリアクタ上部からノズルで噴射注入されて，瞬時に650℃に昇温，反応し，完全に分解されて下部から排出される

図 4.6 雨水の有効利用
(日本液体清澄化技術工業会（編）,「身近な液体Q&A」, 工業調査会 (2006) より作成)

建物の屋根，ベランダその他の地面以外の部分に降った雨水を貯留し，雑用水源として，水洗トイレ，樹木などの散水，洗車，防火用水，空調冷却補給水など，水道水でなくてもよい用途に利用する

2-2 雨水の利用—大切な自然の恵みの有効利用—

　現代社会において水資源の保護は大きな課題である。大切な自然の恵みである雨水をムダに流すのではなく有効に活用する努力が今後必要である。雨水利用とは，建物の屋根などに降った雨を貯留槽（タンク）に貯め，貯めた雨水を樹木への散水，トイレの洗浄水などの雑用水として利用することである（図

4.6）。また，大規模な震災などによる災害時には，水道管の破裂などによって水道が使えなくなることがあるが，そのようなときに貯めた雨水は貴重な生活用水としても活用できる。さらに，降った雨を浸透させれば，地域の水循環が甦る。

3 エネルギーに役立つ水

3-1　水からの水素の製造―燃料を作り出す―

燃料電池（水素と酸素［空気］から，電気化学反応により化学エネルギーから直接電力を取り出す。図4.7）に対する関心が急速に高まっており，そこに使われる環境に優しいクリーンエネルギー源としてH_2が注目されている。H_2は天然には存在しないため製造しなければならない。高効率で大量のH_2製造技術が必要とされている。水が関係したH_2の製造技術として，水の電気分解（固体触媒などを利用する方法，太陽電力との組み合わせる方法など）と水の熱分解，水の光分解がある。光合成によって水から水素を生成する光合成微生物を介しての水素生産についても検討されている。

1）水の電気分解

水の電気分解による水素の製造方法として，表4.1に示すような技術が提案されている。水の電気分解法は電力を水分解装置に供給しなければならない。それゆえ，大規模水素製造には電力の供給コストが重要なポイントである。

a）アルカリ水電解法

　　25％程度のKOH水溶液を電気分解する。純度の高い水素が得られる。装置がシンプルなこともあり，エネルギー消費が大きい（1 Nm^3の水素を製造するのに約4 kWhの電力を必要とする）が実用化されている。

b）固体高分子電解質を用いた水素製造

　　セルの構造は，プロトン（水素イオン）を選択的に透過する0.1 mm程

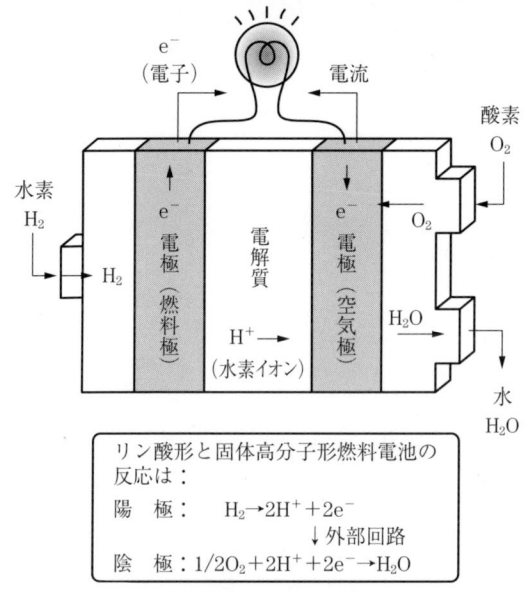

リン酸形と固体高分子形燃料電池の反応は：

陽極： $H_2 \rightarrow 2H^+ + 2e^-$
　　　　　　↓外部回路
陰極： $1/2 O_2 + 2H^+ + 2e^- \rightarrow H_2O$

(a) 燃料電池の原理

	リン酸形	溶融炭酸塩形	固体酸化物形	固体高分子形	アルカリ形
電解質	H_3PO_4	溶融炭酸塩	セラミックス	高分子膜	KOH/H_2O
作動温度〔℃〕	200	650	800〜1,000	80	60〜80
燃料	H_2/改質ガス	H_2/CO/改質ガス	$H_2/CO/CH_4$/改質ガス	H_2/改質ガス	H_2
改質方式	外部	外部/内部	外部/内部	外部	
酸化剤	O_2/空気	CO_2/O_2/空気	O_2/空気	O_2/空気	O_2/空気
発電効率〔%LHV〕	36〜45	45〜55	45〜50	32〜40	50〜60
用途	オンサイト	大容量発電	小型〜大容量発電	家庭用自動車用	宇宙用深海用

(b) 燃料電池の種類

図4.7　燃料電池の原理と種類

(文部科学省科学技術動向研究センター（編），「図解 水素エネルギー最前線」，工業調査会（2003）より作成)

表4.1 水の電気分解による水素の製造法

	アルカリ水電解	固体高分子電解質水電解	高温水蒸気電解
電解質	20～30% KOH 水溶液	フッ素樹脂系イオン交換膜	安定化ジルコニア
伝導イオン	OH^-	H^+	O^{2-}
温度〔℃〕	50～100	常温～150	900～1,100
電流密度〔A/cm^2〕	0.1～0.3	1～3	0.1～0.5
特徴	商用，大規模化	高電流密度，コンパクト化	高効率

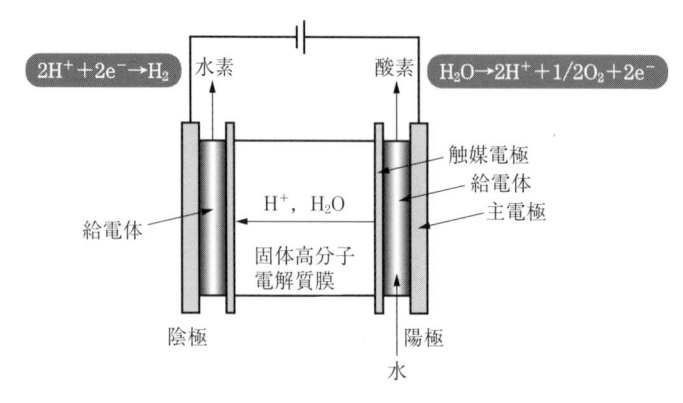

図4.8 固体高分子電解質（SPE）を用いた水素製造法の原理とセルの構造
（文部科学省科学技術動向研究センター（編），「図解 水素エネルギー最前線」，工業調査会（2003）より作成）

度の厚みのフッ素樹脂系イオン交換膜（フィルム状の電解質膜）を白金系貴金属触媒でできた陰極と陽極，多孔質系給電体，主電極で狭む構造になっている（図4.8）。陽極側の給電体に純水が供給される。直流電流を印加することにより陰極側の給電体から H_2 が発生する。電流密度やエネルギー効率が高く，装置のコンパクト化も可能であるため，商業化が目指されている。課題は，イオン交換膜と白金族触媒の価格が高いことである。

陽極反応　$H_2O \rightarrow 2H^+ + 1/2O_2 + 2e^-$

陰極反応　$2H^+ + 2e^- \rightarrow H_2$

c）高温水蒸気電解法

900～1,100℃で水蒸気の電気分解を行う製造方法である。電解質には

安定化ジルコニアを用いる.

2) 水の熱分解による水素製造

水を直接分解するには 2,500℃ 以上の高温が必要であるが,熱化学反応を組み合わせることにより 1,000℃ 以下でも水を分解して水素を製造することができる.その一例が図 4.9 に示す,原料水と反応させるヨウ素 (I) および硫黄 (S) から生じる化合物をプロセス内部で循環使用するシステム(熱化学サイクル)である.

3) 水の光分解

半導体光触媒を用いて,太陽エネルギーにより水を分解し水素を生成する方法である.光触媒が光エネルギーを吸収すると,価電子帯にある電子が伝導帯へ遷移し,伝導帯電子と正孔が生じる.伝導帯電子は水を還元して水素を発生

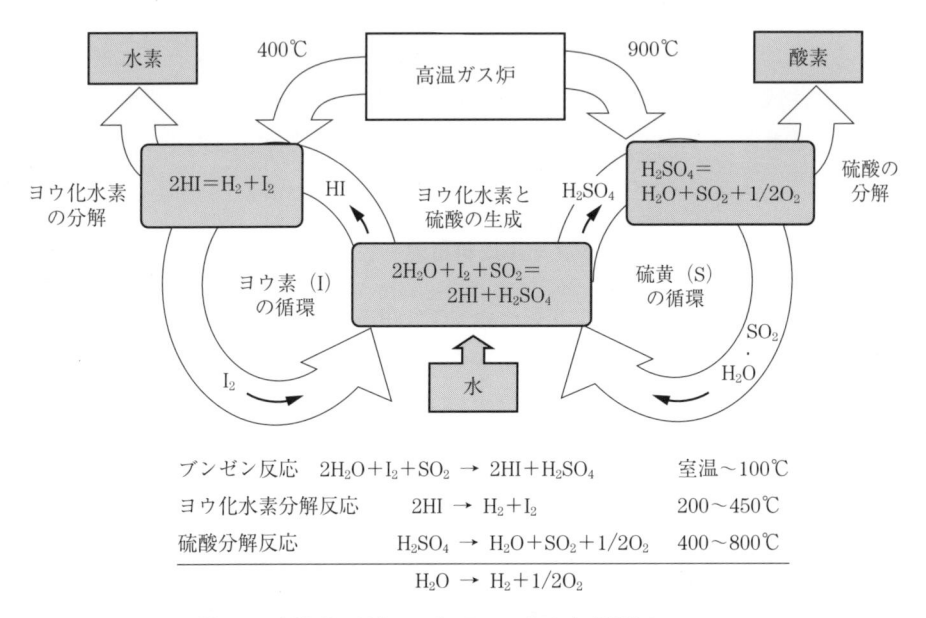

ブンゼン反応	$2H_2O + I_2 + SO_2 \rightarrow 2HI + H_2SO_4$	室温〜100℃
ヨウ化水素分解反応	$2HI \rightarrow H_2 + I_2$	200〜450℃
硫酸分解反応	$H_2SO_4 \rightarrow H_2O + SO_2 + 1/2 O_2$	400〜800℃
	$H_2O \rightarrow H_2 + 1/2 O_2$	

図 4.9 高温ガス炉と IS プロセスによる水素製造システム
(小貫,化学装置,45, No. 4, 117 (2003) より作成)

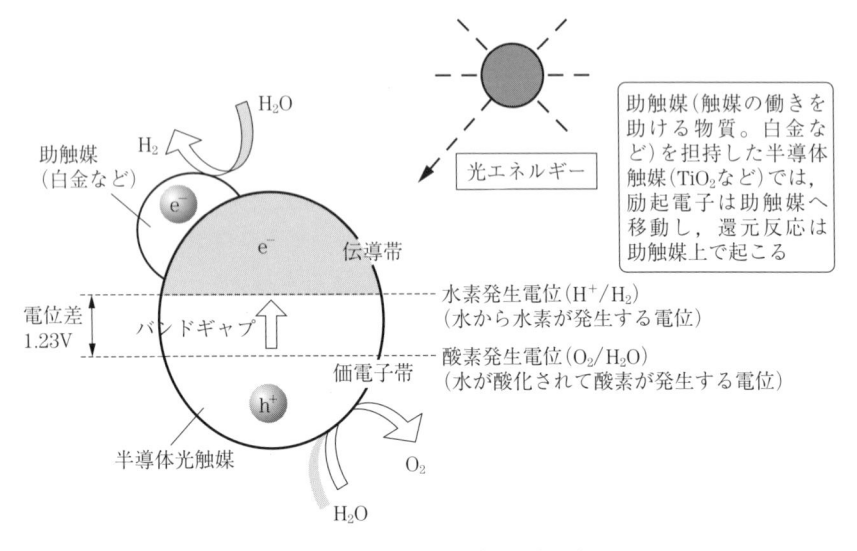

図 4.10 光触媒による水の電気分解

し，正孔は水を酸化して酸素を発生する（図 4.10）。太陽光によって水素を効率的に生成するためには，可視光（波長 400〜700 nm）に応答する光触媒の開発が望まれている。いろいろな光触媒が開発されているが，まだエネルギー効率が低く，まだ実用化には遠い。

3-2　携帯機器用小型メタノール燃料電池—燃料の原料はメタノールと水—

メタノールを水素に改質せずにそのまま使用する直接メタノール形燃料電池が注目されている。液体燃料を使用するために，高圧容器や改質器を必要としない上に低温運転に適しているので，パソコン，携帯電話などの超小型燃料電池として期待されている（図 4.11）。

3-3　ハイドレートによる天然ガスの輸送

天然ガスの輸送と貯蔵は現在は液化天然ガス（LNG）として行われている。液化天然ガスはエネルギー密度がガスの 600 倍と非常に高く常圧で取り扱えるが，$-163℃$ の超低温で液化しなければならない。天然ガスと水が，低温，高

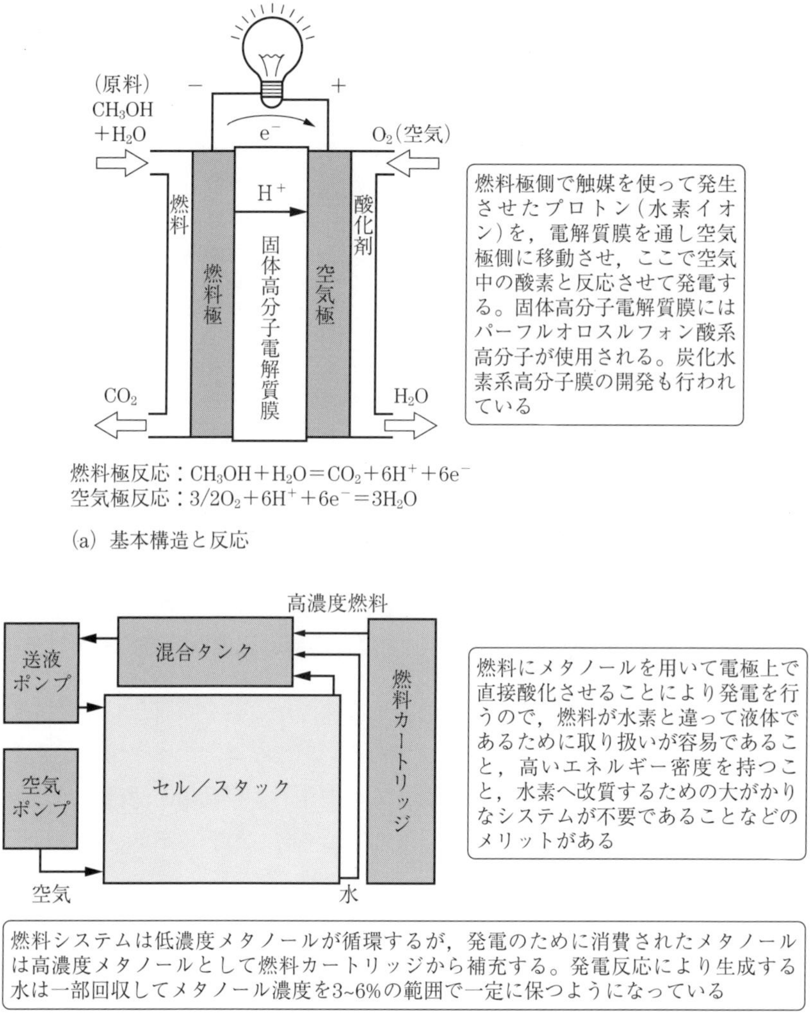

3　エネルギーに役立つ水

(原料)
$CH_3OH + H_2O$　　　　　O_2(空気)

燃料極反応：$CH_3OH + H_2O = CO_2 + 6H^+ + 6e^-$
空気極反応：$3/2O_2 + 6H^+ + 6e^- = 3H_2O$

燃料極側で触媒を使って発生させたプロトン(水素イオン)を，電解質膜を通し空気極側に移動させ，ここで空気中の酸素と反応させて発電する。固体高分子電解質膜にはパーフルオロスルフォン酸系高分子が使用される。炭化水素系高分子膜の開発も行われている

(a) 基本構造と反応

燃料にメタノールを用いて電極上で直接酸化させることにより発電を行うので，燃料が水素と違って液体であるために取り扱いが容易であることと，高いエネルギー密度を持つことと，水素へ改質するための大がかりなシステムが不要であることなどのメリットがある

燃料システムは低濃度メタノールが循環するが，発電のために消費されたメタノールは高濃度メタノールとして燃料カートリッジから補充する。発電反応により生成する水は一部回収してメタノール濃度を3〜6%の範囲で一定に保つようになっている

(b) 燃料の循環システム

図4.11　直接メタノール形燃料電池
(梅田，PETROTECH, 30, 240 (2007)，五戸，PETROTECH, 27, 709 (2004) より作成)

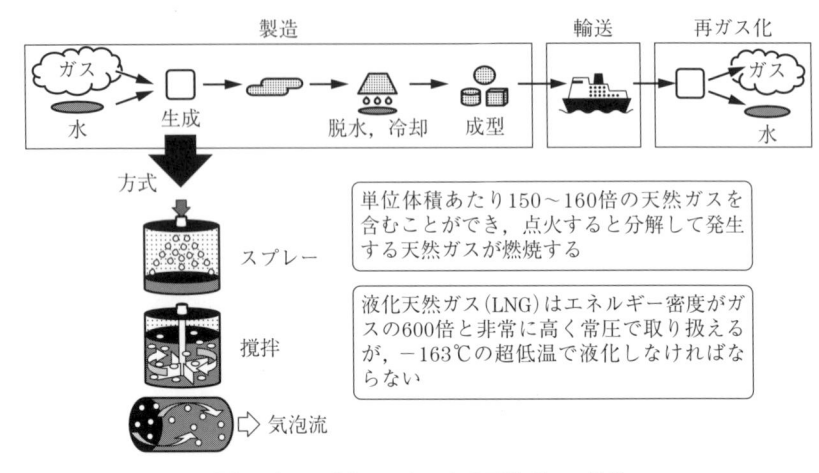

図4.12 ハイドレートによる天然ガスの輸送
（奥井，PETROTECH，27，957（2004）より作成）

圧条件下でハイドレートを生成する性質を上手に利用する安価な技術が提案されている（図4.12）。

3-4 水を使ったヒートポンプ―低い温度から高い温度へ熱をくみ上げる―

熱媒体（作動媒体）の移動を利用し，低温熱源から熱を吸収して高温熱源に熱を移動させる熱機関がヒートポンプである。有効なエネルギー利用が必要不可欠であり，新しいヒートポンプシステムの開発および利用が注目されているが，エアコン，冷蔵庫，給湯器など身近なところにもヒートポンプは使われている。

液体（冷媒）が気体に変化する（蒸発する）際には周囲から熱を奪うので，周囲の物体は熱を奪われ冷却される。これとは逆に，気体（冷媒）が液体へ変化する（凝縮する）際には周囲へ放熱し，周囲の物体は熱を与えられ加熱される。ヒートポンプとは，この仕組みを使って，大気中の熱を圧縮機（コンプレッサー）を利用して効率よくくみ上げ，移動させることにより，冷却や加熱を行うシステムである（図4.13）。

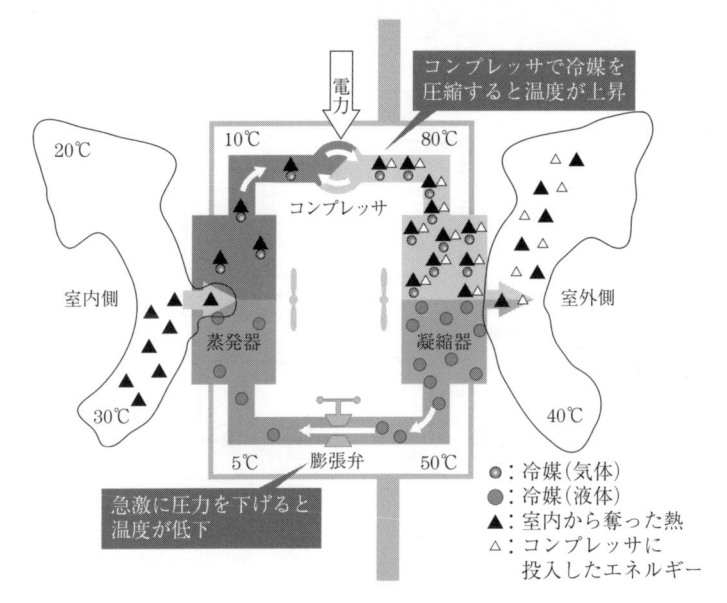

図 4.13　ヒートポンプ（エアコン）の原理
（(財)省エネルギーセンターのホームページより作成）

1）水冷媒ヒートポンプ

　水は圧力を下げると沸点が下がるので，真空に近い圧力の下では水もヒートポンプの冷媒に使える（図 4.14）。冷房時の効率は高いが，水蒸気を圧縮するために大きなコンプレッサが必要である。

2）ケミカルヒートポンプ

　ケミカルヒートポンプは熱移動の駆動源に化学反応を用いるため，作動媒体の単位質量あたりのエネルギー量が高く，また熱エネルギーを物質の形で蓄熱することができる。図 4.15 にケミカルヒートポンプの例として酸化マグネシウムと水の反応を利用したシステムを示した。酸化マグネシウムのほかにも $CaO/Ca(OH)_2$ 系のヒートポンプや有機化学反応系を用いたケミカルヒートポンプも提案されている。

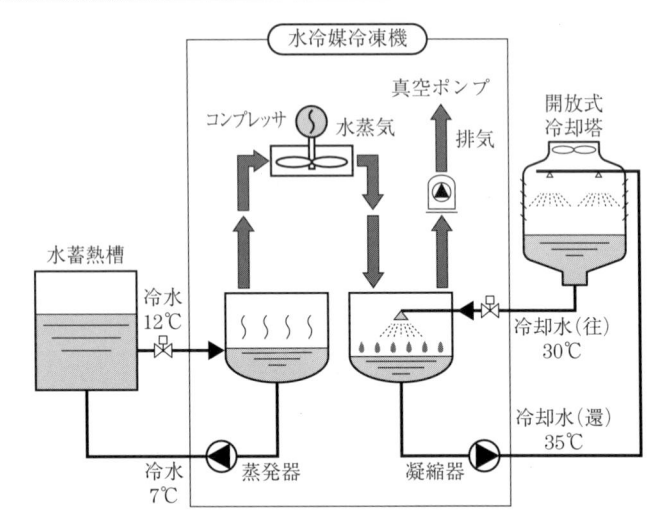

164 第4章 これからの水と人間

図4.14 水冷媒ヒートポンプ
(ヒートポンプ研究会(編), 「ヒートポンプ入門」, オーム社(2007)より)

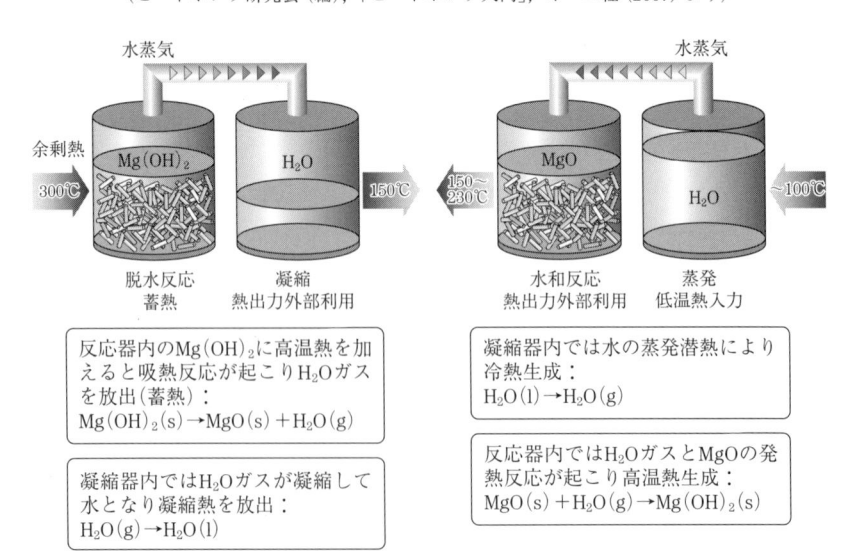

反応器内の$Mg(OH)_2$に高温熱を加えると吸熱反応が起こりH_2Oガスを放出(蓄熱):
$Mg(OH)_2(s) \rightarrow MgO(s) + H_2O(g)$

凝縮器内ではH_2Oガスが凝縮して水となり凝縮熱を放出:
$H_2O(g) \rightarrow H_2O(l)$

(a) 蓄熱過程:圧力差によりH_2Oガスが高温反応器から凝縮器に移動

凝縮器内では水の蒸発潜熱により冷熱生成:
$H_2O(l) \rightarrow H_2O(g)$

反応器内ではH_2OガスとMgOの発熱反応が起こり高温熱生成:
$MgO(s) + H_2O(g) \rightarrow Mg(OH)_2(s)$

(b) 放熱過程:H_2Oガスが圧力差により反応器に移動

図4.15 ケミカルヒートポンプ(酸化マグネシウム⇔水酸化マグネシウム反応系)
(㈶理工学振興会(東工大TLO)のホームページより作成)

索 引

あ

アイソトニック（等浸透圧）………… 120
アミノ酸……………………… 14, 33, 121
アミン類……………………………… 24
亜臨界水……………………………… 66, 139
アルカリイオン水…………… 33, 134, 137
アルカリ水電解法…………………… 156
アルカリ性…………………………… 133
アルカリ性電解水…………………… 138
アルギニン…………………………… 121
安全な飲み水………………………… 107
イオン………………………………… 8, 55
イオン交換…………………………… 123, 126
イオン交換樹脂……………………… 124
イオン交換膜………………………… 79, 80
イオン積……………………………… 64
陰イオン……………………………… 56
ウォータージェット………………… 141
雨水…………………………………… 155
海……………………………………… 71
海風…………………………………… 53
液体…………………………………… 45
エネルギー…………………………… 156

エマルション………………………… 60
エルニーニョ………………………… 21
塩水…………………………………… 77
塩素…………………………………… 26
塩素消毒……………………………… 107, 108
おいしい水…………………… 25, 28, 29, 119
オゾン消毒…………………………… 107
オゾン処理…………………………… 111, 112
オゾン水……………………………… 142
温室効果ガス………………………… 22
温泉…………………………………… 97

か

海水…………………………………… 14, 16
海水溶存資源………………………… 83
海底資源……………………………… 85
界面活性剤…………………………… 60
海洋エネルギー……………………… 91
海洋温度差発電……………………… 90
海洋循環モデル……………………… 75
海洋深層水…………………………… 73
海洋深層水氷………………………… 78
海洋融離……………………………… 87
化学物質汚染………………………… 107

166 索引

核酸 …… 8	凝縮 …… 46, 52
過酸化水素処理 …… 116	共有結合 …… 44
ガス吸収 …… 23	極性 …… 42, 44
活性汚泥法 …… 129	極性（親水性）物質 …… 56
活性酸素 …… 147, 152	クーロン力 …… 45
活性水素水 …… 147	クエン酸 …… 121
活性炭 …… 117, 124	クラスター …… 44, 145, 146
活性炭吸着処理 …… 111	クラスレート水和物 …… 59
活性炭処理 …… 113	クリーン溶媒 …… 65
果糖 …… 121	グリコーゲン …… 121
過熱水蒸気 …… 140	軽水 …… 62
カフェイン …… 121	下水処理 …… 127
カルキ …… 26	血液 …… 10
還元井 …… 96	ケミカルヒートポンプ …… 163
緩速沪過 …… 109, 111	限外沪過 …… 114
官能基 …… 58	嫌気消化 …… 131
気象 …… 16	嫌気性下水処理 …… 130
季節風 …… 53	原形質 …… 9
気体 …… 45	原水 …… 71, 76, 105
機能水 …… 70	減速材 …… 63
弱アルカリ性電解水 …… 137	高圧水 …… 141
逆浸透 …… 114	高温岩体 …… 97
逆浸透法 …… 81	高温岩体発電 …… 98
キャビテーション …… 144	高温高圧水蒸気 …… 66, 140
急速沪過 …… 109, 111	工業用水 …… 71, 103
強アルカリ性電解水 …… 131	硬水 …… 32, 34
凝固 …… 46, 52	硬度 …… 28, 29
強酸性電解水 …… 131	高度浄水処理 …… 111
凝集剤 …… 108	鉱物資源 …… 83

氷	47
固体	45
固体高分子電解質	156
コバルトリッチマンガンクラスト	87

さ

細胞	8
酸化還元電位	112, 131, 134
酸化力	143
三重点	46, 48
酸性	133
酸性雨	18, 19, 20
次亜塩素酸	135
塩	79
紫外線	124
紫外線処理	111, 115
脂質	8
四面体配位	47
弱酸性電解水	137
集塵	23
重水	62
集積回路（IC）	122
循環	16
純水	105
昇華	46
浄化	23
浄化プロセス	108
浄水器	117
浄水場	108

消毒副生成物	107
蒸発	46
蒸留	123
植物工場	150
人工漁礁	82
腎臓透析液	122
新陳代謝	12
浸透圧	82
森林破壊	22
水耕（養液）栽培	150
水産資源	82
水質安定性	73
水質基準	29
水蒸気	140
水素結合	44
水素製造	156
水素溶解水	143
水道水	26, 27, 30, 107
水分活性	35
水力発電	100
水冷媒ヒートポンプ	163
水和	58
スポーツドリンク	30, 33, 120
生活用水	71, 103
生産井	93
清浄性	73
生物処理	111, 114
生物濃縮	18
精密沪過	114

生命 …………………………… 14
生命体 ………………………… 15
生理食塩水 ………………… 120, 122
セッケン ……………………… 61
全有機炭素 …………………… 27
双極子モーメント ………… 44, 56
ソーラーシステム …………… 101
促進酸化法 …………………… 116
疎水性 ………………………… 58

た

体液 ………………… 10, 14, 16
ダイオキシン ………………… 18
太陽エネルギー ……………… 101
太陽光温水器 ………………… 101
脱気水 ………………………… 144
淡水 …………………………… 77
淡水化 ………………………… 81
炭水化物 ……………………… 8
タンパク質 …………………… 8
地球温暖化 …………………… 87
地熱貯留層 …………………… 93
地熱発電 …………………… 93, 96
中空系エレメント …………… 81
中空糸膜 ……………………… 117
超LSI（超大規模集積回路） ……… 122
超音波処理水 ………………… 144
超純水 ……………… 30, 105, 122
潮汐発電 …………………… 90, 93

超臨界水 …………………… 64, 139
超臨界水酸化分解 …………… 154
低純水 ………………………… 105
低水温性 ……………………… 73
電解次亜水 …………………… 137
電解質 ………………………… 10
電解水（電解機能水） ……… 131, 137
電気陰性度 …………………… 44
電気伝導率 ………………… 124, 127
電気透析法 …………………… 79
電気分解 ……………………… 156
電磁場処理水（磁気処理水） ……… 146
電子レンジ …………………… 37
天然ガス ……………………… 160
同位体 ………………………… 62
トリハロメタン …………… 26, 109

な

内分泌かく乱物質 …………… 18
ナチュラルウォーター ……… 101
ナチュラルミネラルウォーター …… 101
ナノ沪過 ……………………… 114
軟水 ………………… 29, 32, 34
ニガリ ………………………… 80
二酸化炭素 …………………… 87
二酸化炭素ハイドレート …… 89
熱水性鉱床 ………………… 83, 85, 86
熱中性子増殖炉 ……………… 63
熱容量 ………………………… 52

粘度 …………………………… 55
燃料電池 ……………………… 157
農業用水 ……………………… 71
農薬汚染 ……………………… 107

は

バイオエタノール …………… 139
バイオフィルタ ……………… 109
ハイドレート ………………… 87, 160
バイナリーサイクル発電 …… 97
ハイポトニック（低浸透圧）… 120
波動水（薬石水）……………… 145
波力発電 ……………………… 90
半透膜 ………………………… 82
ヒートポンプ ………………… 162
光触媒 ………………………… 152
光触媒処理 …………………… 116
非結合電子対 ………………… 44
非電解質 ……………………… 10
比熱 …………………………… 52
表面張力 ……………………… 53, 54
富栄養性 ……………………… 73
不思議な水 …………………… 145
沸点 …………………………… 51
フリーズドライ ……………… 38
プロトン ……………………… 43
ボトルドウォーター ………… 101
ホメオスターシス …………… 10

ま

マイクロ波 …………………… 37
マイクロフィルタ …………… 117, 119
膜処理 ………………………… 111, 114
膜フィルタ …………………… 124
膜分離 ………………………… 115
マグマ ………………………… 97
マンガン団塊 ………………… 83, 85, 87
水処理 ………………………… 106
水の熱分解 …………………… 159
水の光分解 …………………… 159
水分子 ………………………… 42
ミセル ………………………… 60
密度 …………………………… 49
ミネラルウォーター ………… 30, 31, 101
ミネラル塩水 ………………… 77
ミネラル水 …………………… 77
無極性（疎水性）物質 ……… 56
メタノール燃料電池 ………… 160
メタン ………………………… 131
メタンハイドレート ………… 60, 87, 89
面心立方格子 ………………… 47
毛管現象 ……………………… 54

や

融解 …………………………… 46
融点 …………………………… 51
誘電率 ………………………… 56, 58, 64

陽イオン …………………… 56
溶解 ………………………… 57
溶解力 ……………………… 55
溶質 ………………………… 55
溶存ガス制御水 …………… 142
溶媒 ………………………… 56

ら

ラジカル反応 ……………… 66
ラニーニャ ………………… 21
陸風 ………………………… 53
両親媒性物質 ……………… 60
臨界圧力 …………………… 64
臨界温度 …………………… 64

臨界点 ……………………… 46
リン脂質 …………………… 11
リンパ液 …………………… 10
老化 …………………… 11, 12

英文索引

π（パイ）ウォーター ……… 145
DNA ………………………… 12
MRSA（メチシリン耐性黄色ブドウ球菌）
 ……………………………… 132
pH …………………… 27, 131
TOC（Total Organic Carbon：全有機炭素量）……………… 27, 124

【著者紹介】

川瀬　義矩（かわせ　よしのり）

　　学位　早稲田大学大学院応用化学専攻博士課程修了　工学博士
　　経歴　東京都立大学工学部助手，ニューヨーク州立大学バッファロー校
　　　　　化学研究科工学科客員講師，ウォータールー大学（カナダ）生物
　　　　　化学技術研究所特別研究員
　　現在　東洋大学理工学部応用化学科教授

水を科学する

2011年4月20日　第1版1刷発行　　　ISBN 978-4-501-62660-0 C3058
2014年5月20日　第1版2刷発行

編　者　川瀬義矩
　　　　Ⓒ Kawase Yoshinori 2011

発行所　学校法人　東京電機大学　〒120-8551　東京都足立区千住旭町5番
　　　　東京電機大学出版局　　　〒101-0047　東京都千代田区内神田1-14-8
　　　　　　　　　　　　　　　　　Tel. 03-5280-3433（営業）03-5280-3422（編集）
　　　　　　　　　　　　　　　　　Fax. 03-5280-3563　振替口座00160-5-71715
　　　　　　　　　　　　　　　　　http://www.tdupress.jp/

JCOPY＜(社)出版者著作権管理機構　委託出版物＞
本書の全部または一部を無断で複写複製（コピーおよび電子化を含む）することは，著作権法上での例外を除いて禁じられています。本書からの複写を希望される場合は，そのつど事前に，(社)出版者著作権管理機構の許諾を得てください。また，本書を代行業者等の第三者に依頼してスキャンやデジタル化をすることはたとえ個人や家庭内での利用であっても，いっさい認められておりません。
［連絡先］Tel. 03-3513-6969, Fax. 03-3513-6979, E-mail：info@jcopy.or.jp

印刷・製本：美研プリンティング(株)　　装丁：川崎デザイン
落丁・乱丁本はお取り替えいたします。　　　　　　　　Printed in Japan

本書は，(株)工業調査会から刊行されていた第1版1刷をもとに，著者との新たな出版契約により東京電機大学出版局から刊行されたものである。

数学関係図書

電気・電子・情報系の
基礎数学Ⅰ
線形数学と微分・積分
安藤 豊／松田信行 共著　A5判　288頁

本書は，電気・電子・情報系の大学や短大・高専向けの数学教科書・演習書である。「公式」「例題」「解説」の順序で学習を進めていく。

電気・電子・情報系の
基礎数学Ⅱ
応用解析と情報数学
安藤 豊／大沢秀雄 共著　A5判　298頁

数学の理論的・抽象的な面をできるだけさけ，具体的な応用に重点を置いた教科書。内容を理解する上で重要と思われる事項に的を絞っている。

電気・電子・情報系の
基礎数学Ⅲ
複素関数と偏微分方程式
安藤 豊／中野 實 共著　A5判　288頁

多くの題材を電気・電子・情報系から取り入れ，関連する第Ⅰ，Ⅱ巻の定理や公式等を参照しながら学習を進めていく。

しっかり学ぶ線形代数
田澤義彦 著　A5判　280頁

著者の長年にわたる教育経験にもとづき，学生のつまずきやすいところは懇切丁寧に解説を施した。さらに問題を多数掲載し充実した教科書である。

大学新入生のための数学ガイド
大田琢也／桑田孝泰 共著　B5判　160頁

初歩数学習得のための教材。多くの例題，演習問題で考え方と計算力を養成。微分積分学と線形代数学の確実な理解を図る。

電気・電子の基礎数学
堀桂太郎／佐村敏治／椿本博久 共著　A5判　240頁

高専や大学で電気・電子を学ぶ人を対象にした「電気数学」の教科書。実際に電気数学の教鞭を取っている著者の経験を活かし執筆した。

工科系数学セミナー
ベクトル解析入門
國分雅敏 著　A5判　132頁

ガウスの発散定理やストークスの定理など基本定理を理解することを主軸にわかりやすく解説する。学校テキストや自習書として最適。

工科系数学セミナー
フーリエ解析と偏微分方程式
第2版
数学教育研究会 編　A5判　152頁

数学の厳密な論証よりも，公式を自由に使って理解することに重視した工科系の教科書。多数の問題は演習用としても役立ち，自学自習にも適する。

工科系数学セミナー
常微分方程式
鶴見和之ほか 共著　A5判　184頁

微分積分学や線形代数学を学んだ学生のための常微分方程式のテキスト。多数の演習問題を通して，「解き方」が習得できる。

工科系数学セミナー
複素解析学
安達謙三ほか 共著　A5判　144頁

複素数の導入から留数解析までに限定してまとめた。理工学の基本的な問題解決に応用でき，実践に役立つ。講習書として最適。

＊ 定価，図書目録のお問い合わせ・ご要望は出版局までお願いいたします。
URL　http://www.tdupress.jp/

理工学講座

基礎 **電気・電子工学** 第2版
宮入・磯部・前田 監修　A5判　306頁

改訂 **交流回路**
宇野辛一・磯部直吉 共著　A5判　318頁

電磁気学
東京電機大学 編　A5判　266頁

高周波電磁気学
三輪進 著　A5判　228頁

電気電子材料
松葉博則 著　A5判　218頁

パワーエレクトロニクスの基礎
岸敬二 著　A5判　290頁

照明工学講義
関重広 著　A5判　210頁

電子計測
小滝國雄・島田和信 共著　A5判　160頁

改訂 **制御工学** 上
深海登世司・藤巻忠雄 監修　A5判　246頁

制御工学 下
深海登世司・藤巻忠雄 監修　A5判　156頁

気体放電の基礎
武田進 著　A5判　202頁

電子物性工学
今村舜仁 著　A5判　286頁

半導体工学
深海登世司 監修　A5判　354頁

電子回路通論 上/下
中村欽雄 著　A5判　226/272頁

画像通信工学
村上伸一 著　A5判　210頁

画像処理工学
村上伸一 著　A5判　178頁

電気通信概論 第3版
荒谷孝夫 著　A5判　226頁

通信ネットワーク
荒谷孝夫 著　A5判　234頁

アンテナおよび電波伝搬
三輪進・加来信之 共著　A5判　176頁

伝送回路
菊池憲太郎 著　A5判　234頁

光ファイバ通信概論
榛葉實 著　A5判　130頁

無線機器システム
小滝國雄・萩野芳造 共著　A5判　362頁

電波の基礎と応用
三輪進 著　A5判　178頁

生体システム工学入門
橋本成広 著　A5判　140頁

機械製作法要論
臼井英治・松村隆 共著　A5判　274頁

加工の力学入門
臼井英治・白樫高洋 共著　A5判　266頁

材料力学
山本善之 編著　A5判　200頁

改訂 **物理学**
青野朋義 監修　A5判　348頁

改訂 **量子物理学入門**
青野・尾林・木下 共著　A5判　318頁

量子力学概論
篠原正三 著　A5判　144頁

量子力学演習
桂重俊・井上真 共著　A5判　278頁

統計力学演習
桂重俊・井上真 共著　A5判　302頁

＊定価，図書目録のお問い合わせ・ご要望は出版局までお願いいたします。
URL　http://www.tdupress.jp/

学生のための情報テキスト

学生のための FORTRAN
秋冨 勝 ほか 共著　B5判　180頁

学生のための 構造化 BASIC
若山芳三郎 著　B5判　152頁

学生のための Excel VBA
若山芳三郎 著　B5判　128頁

学生のための Word & Excel
若山芳三郎 著　B5判　168頁

学生のための Word
若山芳三郎 著　B5判　124頁

学生のための Visual Basic .NET
若山芳三郎 著　B5判　164頁

学生のための C&C++
中村隆一 著　B5判　216頁

学生のための 基礎C++ Builder
中村隆一・山住直政 共著　B5判　192頁

学生のための 情報リテラシー
若山芳三郎 著　B5判　196頁

学生のための インターネット
金子伸一 著　B5判　128頁

学生のための IT入門
若山芳三郎 著　B5判　160頁

学生のための 上達Java
長谷川洋介 著　B5判　226頁

学生のための Excel & Access
若山芳三郎 著　B5判　184頁

学生のための 詳解C
中村隆一 著　B5判　200頁

学生のための C
中村隆一 ほか 共著　B5判　160頁

学生のための Excel
若山芳三郎 著　B5判　168頁

学生のための C++
中村隆一 著　B5判　216頁

学生のための Word & Excel Office XP版
若山芳三郎 著　B5判　160頁

学生のための Visual Basic
若山芳三郎 著　B5判　168頁

学生のための UNIX
山住直政 著　B5判　128頁

学生のための Access
若山芳三郎 著　B5判　132頁

学生のための 応用C++ Builder
長谷川洋介 著　B5判　222頁

学生のための 情報リテラシー Office XP版
若山芳三郎 著　B5判　196頁

学生のための 情報リテラシー Office/Vista版
若山芳三郎 著　B5判　200頁

学生のための 入門Java
中村隆一 著　B5判　168頁

学生のための Photoshop & Illustrator CS版
浅川 毅 監修　B5判　140頁

学生のための 基礎C
若山芳三郎 著　B5判　128頁

学生のための OpenOffice.org
可知 豊 著　B5判　192頁

＊定価，図書目録のお問い合わせ・ご要望は出版局までお願いいたします。
URL　http://www.tdupress.jp/

SR-110